房屋建筑抗震加固案例集

程绍革　史铁花　主编

中国建筑工业出版社

图书在版编目（CIP）数据

房屋建筑抗震加固案例集 / 程绍革，史铁花主编
. — 北京 ：中国建筑工业出版社，2023.6
ISBN 978-7-112-28748-2

Ⅰ. ①房… Ⅱ. ①程… ②史… Ⅲ. ①房屋结构-抗
震加固-案例 Ⅳ. ①TU352.11

中国国家版本馆 CIP 数据核字（2023）第 089874 号

本书详细介绍城镇住宅类、农房类、历史保护类、校舍类以及其他类（如医疗、办公等）建筑抗震加固案例的政策措施、实施流程、资金筹措渠道、适用技术方案、工程实施效果等情况，展示了各类房屋抗震加固的全过程，提出了成功经验及注意事项，总结出可推广的成功经验和房屋抗震加固重难点。

本书可供从事房屋抗震加固工作的设计、施工及管理人员阅读使用。

策划编辑：沈文帅
责任编辑：张伯熙
责任校对：张 颖
校对整理：赵 菲

房屋建筑抗震加固案例集
程绍革 史铁花 主编
*
中国建筑工业出版社出版、发行（北京海淀三里河路 9 号）
各地新华书店、建筑书店经销
北京鸿文瀚海文化传媒有限公司制版
北京中科印刷有限公司印刷
*
开本：787 毫米×1092 毫米 1/16 印张：9½ 字数：232 千字
2023 年 9 月第一版 2023 年 9 月第一次印刷
定价：**48.00** 元
ISBN 978-7-112-28748-2
（41181）

编审委员会名单

主　　编： 程绍革　史铁花

参编人员： 张　谦　高继辉　白雪霜　黄　颖　肖承波
吴　体　苗启松　褚青青　毕　琼　龚克勤
朱　赢　李常虹　李梁峰　赵　锋　冉志民
谭伏波　刘　航　岑宗乘　魏志栋　王　瑾
陈　曦　马培培　徐建伟　韩龙勇　李兴旺
苏宇坤　刘　熙　司徒彬　王重阳　杨　光

审查人员： 沙志国　李自强　潘　鹏　曾德民　张惠江
张永刚　霍文营　薛慧立

前　言

为贯彻落实习近平总书记关于自然灾害防治9项重点工程提高我国自然灾害防治能力重要讲话精神和中央财经委第三次会议部署，作者承担了住房和城乡建设部课题“城镇住宅抗震加固技术及管理体系研究”，通过调查研究和论证分析，总结和提炼了全国各地房屋抗震加固的成功案例，分析并制定了相应的技术路线和方案，编写了房屋抗震加固案例集，用以指导各地有计划、分步骤推进实施城镇房屋设施抗震加固工程，从而全面提升我国房屋建筑抗震防灾能力。

本书所列的各类房屋建筑抗震加固案例是在调研多个省市自治区（北京、云南、四川、福建、新疆、宁夏等）的多种类型房屋加固情况的基础上，经过梳理、归类、分析、审核、修改编写而成，内容涵盖城镇住宅类、农房类、历史保护类、校舍类建筑以及其他类建筑（如医疗、办公等）抗震加固的相关政策措施、实施流程、资金筹措渠道、适用技术方案、工程实施效果等情况，详细展示了各类房屋抗震加固的全过程，提炼了成功经验的同时，提出了注意事项，总结出可推广的成功经验和需重视的主要难点，为全国类似房屋建筑抗震加固的实施提供参考和借鉴。

在编写过程中，相关各地的住房和城乡建设部门、案例工程实施的参与者为本书的撰写提供了宝贵的素材，在此一并致谢！

由于时间有限，书中难免存在不足之处，恳请读者指正。

目　录

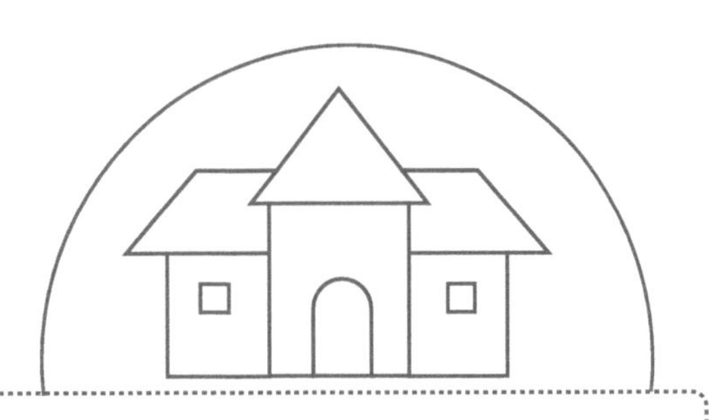

第一章　城镇住宅类建筑抗震加固案例

第一节　北京市某小区甲号楼、丙号楼砌体结构房屋抗震加固及综合整治实例

一、项目概况

某小区甲号楼、丙号楼均为20世纪50年代建造的4层砌体结构房屋，总建筑面积6483m^2，其中甲号楼建筑面积2792m^2，建筑高度14.95m，丙号楼建筑面积3691m^2，建筑高度12.48m，两栋建筑都曾在唐山地震后进行过圈梁、构造柱加固。两栋建筑的原南侧二层及以上房屋的楼板均为木楼板，屋架均为木屋架，其中甲号楼曾发生过火灾，灾后修复时将原木楼板及木屋架更换为钢筋混凝土楼屋盖。该项目在2016年实施抗震加固及综合整治，经过结构安全性鉴定和抗震鉴定，这两栋建筑安全性等级为D_{su}级（整体危险），严重影响整体承载，房屋所在地区抗震设防烈度为8度（0.2g），设计地震分组第二组，按照后续工作年限30年A类的要求进行抗震鉴定，抗震承载力严重不足，必须立即进行加固处理。

二、加固技术方案

甲号楼、丙号楼建于20世纪50年代，2016年开始实施加固及综合改造时已经超过设计使用年限十几年了，房屋年久失修，部分楼屋面为木结构，除了不能很好地传递地震作用外，还不满足防火要求（其中有一栋楼曾发生过火灾）。甲号楼、丙号楼标准层结构平面图如图1-1、图1-2所示。

该房屋的特点是静力承载力不满足要求，抗震性能也不足，故需进行两方面的加固。砌体结构的房屋可以采用的结构加固方式主要有：外加圈梁构造柱加固法、砂浆面层加固法、钢筋网砂浆面层加固法、钢筋混凝土板墙加固法、钢绞线网-聚合物面层加固法、隔震加固法、外套结构加固法等。根据项目特点、房屋现状及批复造价情况，若采用外加圈梁构造柱、砂浆面层、钢筋网砂浆面层等加固方法，其承载力依然不足；采用钢绞线网-聚合物面层加固法造价相对较高，承载力提高也有限；采用钢筋混凝土板墙加固法由于板

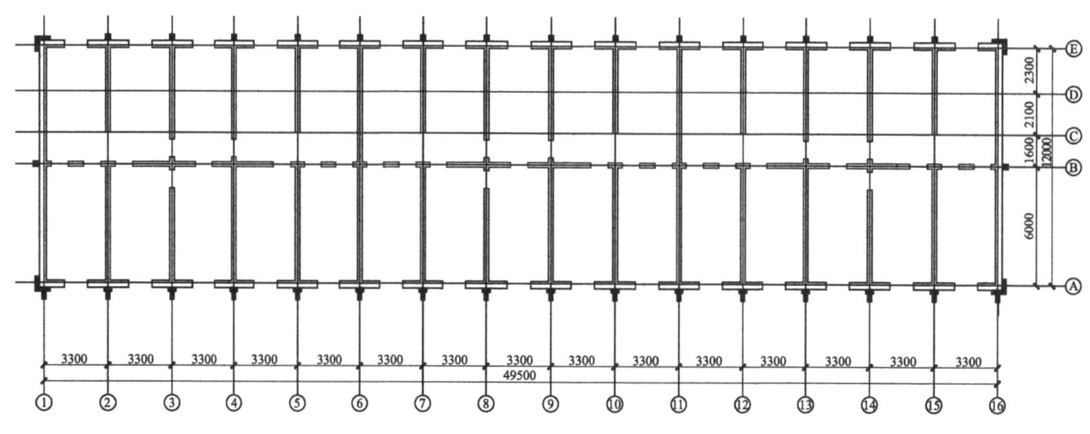

图 1-1　甲号楼标准层结构平面图

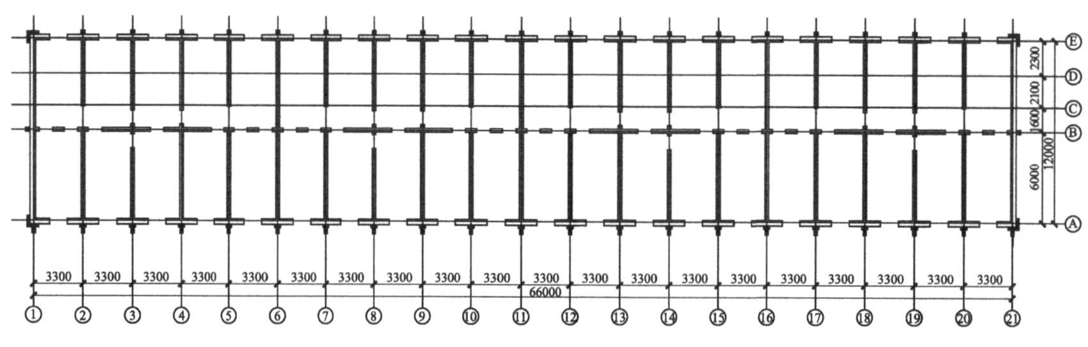

图 1-2　丙号楼标准层结构平面图

墙较厚（70mm），会使室内使用面积减少相对较多；采用隔震加固法加固后静力承载力不满足要求，还需对上部结构进行再加固，造价更高且对原房屋干扰较大，楼体周边设备管线存在需要移位等问题；采用外套结构加固法因房屋静力承载力不满足要求，还需同时加固室内墙体，同样造价增大，且会因该加固法减小了各楼之间的间距，从而增加了消防或日照等问题发生的可能。故最终采用钢筋网砂浆面层与钢筋混凝土板墙相结合的方法进行加固，即内墙采用了双面各 40mm 厚的钢筋网砂浆面层加固，外墙在房屋外围采用了单面 70mm 厚钢筋混凝土板墙加固，这样既满足静力承载力要求，又尽可能减少因加固导致的房屋使用面积缩小的情况，还控制加固造价。

另外将原有的木楼盖改造为钢筋混凝土楼盖，木屋架改为钢屋架，这样既满足抗震要求，又利于消防安全。典型户型加固方案示意图如图 1-3 所示。

该工程中全楼层更换木楼盖是施工的重点和难点，为此设计说明及设计交底时明确提出：为保证结构整体性及施工安全，应先进行结构墙体加固，再进行楼板浇筑施工；楼板浇筑施工时，应分区段交替进行，并做好安全支护；楼板中局部设置混凝土键，如需在墙体内开洞，应人工轻敲开洞，不得破坏周边墙体，确保项目安全实施。

该项目的结构加固造价（含拆除）约 850 元/m^2。综合单方造价涉及结构加固、节能改造及室内简装、全部机电设备管线更新，以及小区环境的整治、室外地下管线更新等，约3200 元/m^2。

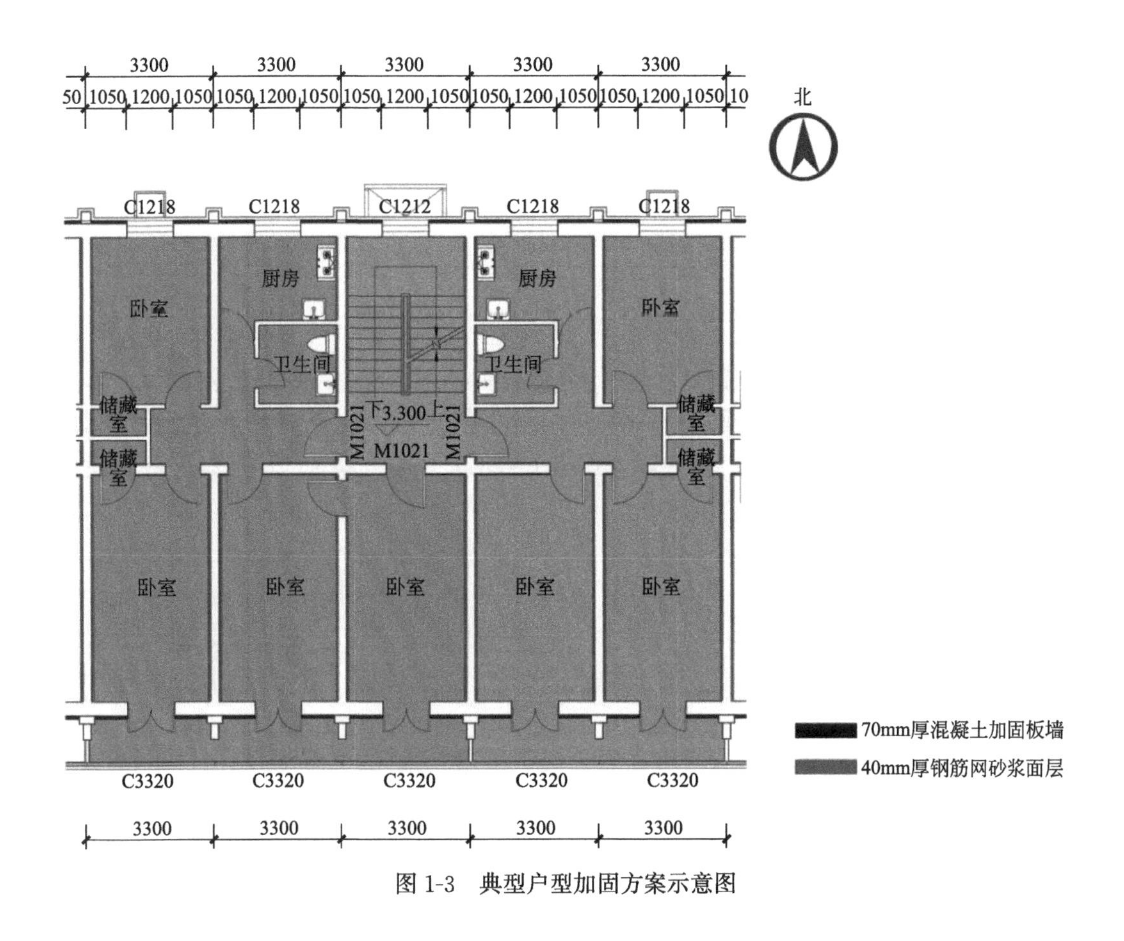

图 1-3 典型户型加固方案示意图

三、项目实施流程及效果

（一）实施流程

1. 确定实施主体

该项目的产权单位为实施主体，也是项目的建设单位，产权单位委托相应的项目管理公司负责该项目的实施，主要工作为组织房屋检测鉴定、项目申报、工程设计、招标采购、签订并履行合同、资金使用管理、居民沟通协调与维稳、竣工验收和竣工结算、决算等。

2. 项目前期工作

首先是排查及结构鉴定。由于这两栋楼建成年代较为久远，无任何原始建筑图纸等竣工资料，故先对其进行了结构图纸测绘，在此基础上进行结构检测鉴定，安全性等级为D_{su}级（整体危险），按照后续工作年限30年A类的要求进行抗震鉴定，抗震性能不满足要求，应立即进行加固等处理。

随即进行了项目可行性研究，对项目的必要性可行性及相关条件逐一分析，并在全面调查深入研究的基础上编制项目建设规模、改造内容、投资估算等，出具可行性研究报告，报告经有关主管部门审核后项目获得批复。

3. 加固与改造设计

建设单位委托具有相应资质的设计单位依据批复的可行性研究报告的相关内容进行初步设计及其概算编制，其成果经过审核通过后获得批复，既明确了项目建设标准也控制了投资。在随后的施工图设计中，设计单位需严格按照初步设计批复的规模、标准和计设概算进行限额设计，确保施工图预算不突破初步设计概算，从源头上控制投资，同时，尽量压缩和减少暂估价和暂定项目。施工图须通过审查机构审查，并办理消防设计备案手续。

4. 项目施工

该项目在实施过程中，建设单位及其委托的管理公司，严格按照老旧小区综合整治工作的要求进行相应的工程招标及项目建设程序，在施工过程中充分利用并发挥好各参建单位（包括设计单位、施工单位、监理单位）的作用，配合质量监督部门及时做好工程的质量检查和验收记录。

绿色施工是实现建筑领域资源节约和节能减排的关键环节，也是本次改造所倡导的。该项目采取封闭施工，杜绝尘土飞扬，基本无噪声扰民，在工地四周栽花、种草，实施定时洒水等，在保证质量、安全等基本要求的前提下，通过科学管理和优化技术，最大限度地节约资源并减少对环境负面影响，实现节能、节地、节水、节材和环境保护。

项目实施过程中，建设单位与市电力公司、市燃气集团、市热力集团、市自来水集团、市排水集团等部门随时进行协调沟通，保证了项目的顺利进行。

（二）工程实施效果

该小区甲、丙号楼抗震加固及综合整治项目的主要内容有：结构整体加固、建筑节能（包括增设外墙外保温和屋顶保温、更换节能窗）、楼内机电设备管线的更新、装修恢复、小区环境的整治、室外地下管线的重新敷设等。加固改造后结构静力安全和抗震性能得到有效保障，加之重新进行节能改造和简单装修，整个建筑安全及完善程度可与新建房屋媲美，受到居民高度认可。

1）结构抗震加固施工过程如图 1-4～图 1-7 所示。

图 1-4　板墙施工基础开挖

图 1-5　拆除原室内木楼板

图 1-6 拆除原木楼板后现浇钢筋混凝土楼板

图 1-7 拆除原有屋面木屋架，增设钢屋架

2）项目改造前后对比如图 1-8～图 1-11 所示。

图 1-8 改造前室内

图 1-9 改造后室内

图 1-10 改造前外立面

图 1-11 改造后外立面

四、项目保障措施

（一）资金保障

该项目资金全部由政府承担，在项目前期进行了大量且细致的准备工作，确保项目在每一步实施过程中资金运用合理。由于该项目涉及室内加固，施工期间楼内住户均需要临时搬离，因此根据楼内住户周转的情况，需提供部分周转费用。

（二）政策保障

对于加固改造项目，各有关部门在符合工程建设法律法规的前提下，简化了工程审批手续、缩短了办理时间。

五、总结

（一）主要经验

（1）有健全的项目组织架构，项目统筹协调和计划管理合理。

（2）由政府承担抗震加固及综合整治的资金，项目申报前期深入调研，合理确定项目内容和资金需求，保证资金申报中不遗漏不重复，这是项目能够实施的资金保障。

（3）严把工程质量关，优选工程建设各参建单位，坚持工程建设高标准，加大巡查抽查频次。

（4）把抗震加固与房屋及小区综合整治结合起来是推动老旧房屋加固的有力举措，结构加固是关系到房屋安全、住户人身财产安全的头等大事，但同时结构本身又被建筑装饰层覆盖容易被忽视，因此将结构加固与公共部位修补粉刷、老旧机电设备管线更新、小区环境整治等结合起来，其改造效果更明显，综合功能得到有效提升，居民的获得感幸福感更强。

（5）建设单位管理到位。由于该项目结构安全性等级为 D_{su} 级，抗震能力也严重不足，必须实施入户加固，也曾有过一些居民不理解不配合，为此，建设单位多次给居民做工作，摆事实，讲道理，说明加固的必要性和迫切性，动之以情晓之以理，同时也切实体会和理解居民的实际困难，换位思考，协调解决搬迁周转问题，帮助困难住户实施搬家事宜等，最终使得加固得以实现。故建设单位的责任感非常重要，需要将全心全意为居民服务的思想付诸于工作实践中，建设单位的管理起着举足轻重的作用。

（二）加固难点

在资金落实、政策保障的前提下，该项目的主要难点是解决居民不同意入户加固的问题。

第二节　北京市某小区砌体结构房屋抗震加固及综合整治实例

一、项目概况

该小区共有11栋多层住宅，为20世纪70年代建造的砌体结构，总建筑面积37073.3m²，地上5～6层，部分楼有一层地下室。依据《关于开展全市城镇老旧房屋建筑调查工作的通知》（京建发〔2010〕375号），北京市于2010年全面启动80年代以前的建筑排查工作，当地街道办事处具体负责该小区的排查工作，排查主要内容有：房屋的产权类别、建成年代、结构类型、层数、建筑面积。依据排查结果，该小区被列入北京市1979年底前建成的房屋建筑台账。

根据《关于组织开展城镇房屋建筑抗震鉴定的通知》（京抗震综改发〔2011〕1号），对该小区进行抗震鉴定。经过结构安全性鉴定和抗震鉴定，该项目11栋楼的结构形式分别为砌体结构和内浇外砌结构，楼板为预应力圆孔板，这几栋建筑安全性等级分别为 A_{su} 级和 B_{su} 级，基本安全，房屋所在地区抗震设防烈度为8度（0.2g），设计地震分组第二组，按照后续工作年限30年A类的要求进行抗震鉴定，抗震性能均不满足要求，需进行加固处理。

二、加固技术方案

该小区一区综合整治项目中，房屋安全性鉴定满足要求，抗震鉴定不满足要求，对这些房屋采用装配式外套加固技术进行了抗震加固，南侧外扩1.95m，北侧外扩1.35m；新增基础采用旋转钻进钢桩，部分楼同时完成了平改坡改造。改造前后的典型户型平面布置图如图1-12、图1-13所示。

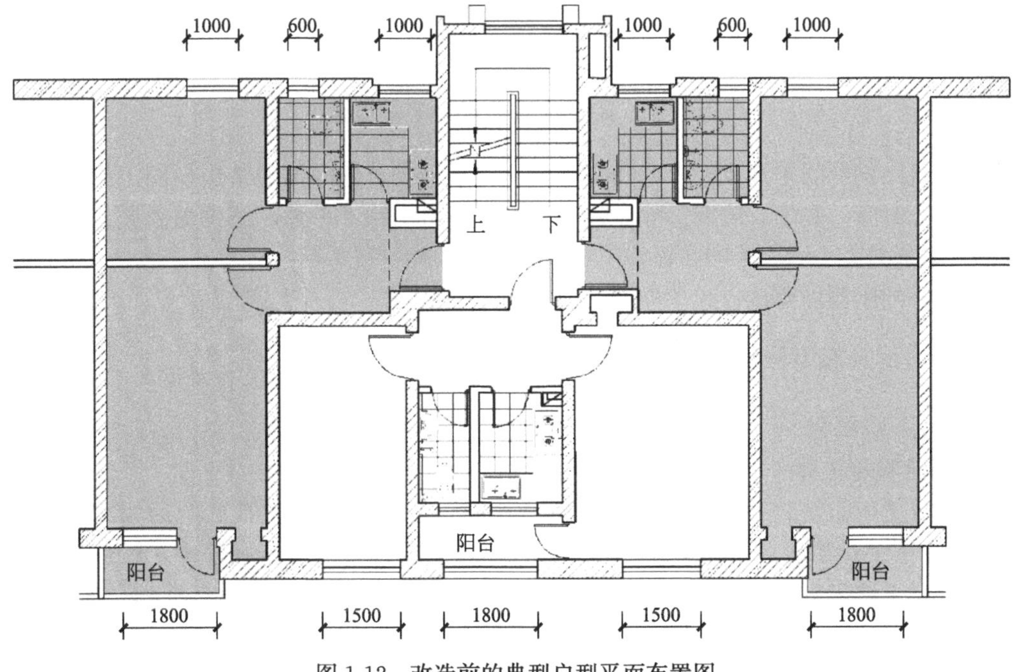

图1-12　改造前的典型户型平面布置图

结构抗震加固施工主要步骤依次如下：

（1）将周边贴建建筑及原有外挑阳台拆除；

（2）进行桩基础施工；

（3）进行外套结构基础施工；

（4）进行外套结构预制构件吊装。

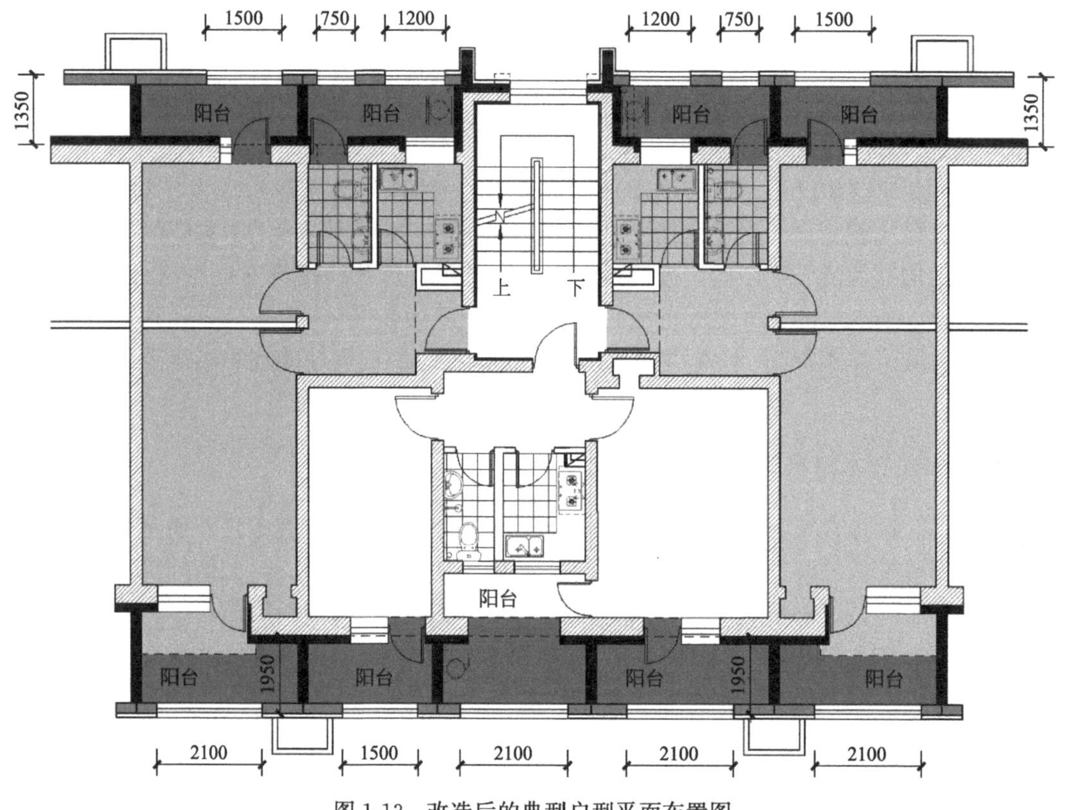

图 1-13 改造后的典型户型平面布置图

该项目结构加固未涉及住户房间内部加固。从施工单位进场到结构加固工程完成共用了约 2 个月时间，其中，前期拆除违建、施工现场组织约 1 个月，结构加固施工约 1 个月（开槽与桩基施工 1 周、基础底板施工 1 周、预制构件安装 2 周）。

该项目的结构加固造价约 4000 元/m^2。

三、项目实施流程及效果

（一）实施流程

1. 确定实施主体

根据《关于印发北京市房屋建筑抗震节能综合改造工作实施意见的通知》（京政发〔2011〕32 号）的要求，项目实施主体为产权单位。项目具体实施过程中，区住房和城乡建设委员会总体牵头该项目的综合整治工作，包括房屋检测鉴定、项目计划、工程设计、招标采购、资金使用管理、竣工验收和竣工结算、决算等总体组织工作，具体工作由项目管理公司实施。居民维稳和沟通协调等涉及住户的工作，主要由当地街道办事处完成。

2. 项目前期工作

首先是排查及结构鉴定。依据检测鉴定结论，该项目多栋楼建筑安全性等级为 A_{su} 级和 B_{su} 级，按照后续工作年限 30 年 A 类的要求进行抗震鉴定，抗震性能均不满足要求，应进行相应加固处理。随即进行了项目可行性研究，编制了项目可行性研究报告。

3. 加固与改造设计

依据《关于印发北京市加快城市和国有工矿棚户区改造工作实施方案的通知》（京政

办发〔2011〕1号)，《关于房屋建筑抗震节能综合改造增层及增加面积有关问题的通知》(京建法〔2011〕15号)，《北京市财政局 北京市重点项目建设指挥部办公室关于老旧小区综合整治资金管理有关问题的通知》(京财经二〔2012〕346号)，《关于加强房屋建筑抗震节能综合改造工程招标投标管理工作的意见》(京建法〔2012〕5号)，《关于印发〈北京市房屋建筑抗震节能综合改造工程设计单位合格承包人名册管理办法〉、〈北京市房屋建筑抗震节能综合改造工程设计单位合格承包人名册〉的通知》(京建法〔2012〕6号)，《关于印发〈北京地区既有建筑外套结构抗震加固技术导则（试行）〉的通知》(京建发〔2012〕145号）确定项目管理单位及设计单位，进行该项目加固综合改造设计工作，设计单位严格执行北京市制定的财政标准。加固设计方案执行《北京地区既有建筑外套结构抗震加固技术导则》，设计完成后通过施工图审查，并办理消防设计备案手续。之后进行施工、监理、管理公司的招标工作，确定各相关单位。

该项目严格按照北京市老旧小区综合整治工作规程的要求进行相应的工程招标及项目建设程序，在施工过程中及时做好质量检查和验收记录。项目实施过程中，由区政府和北京市重大项目建设指挥办公室协调北京市城管执法局、市通信管理局、市电力公司、市燃气集团、市热力集团、市自来水集团、市排水集团等部门，保证项目的顺利进行。

4. 项目施工

北京市各相关部门在符合工程建设法律法规前提下，简化工程审批手续、缩短办理时间。

该小区一区综合整治项目属于因加固引起面积变化的房屋抗震节能综合改造工程，项目实施过程中需办理规划备案手续和施工许可手续。

对于消防审查和验收方面，因项目属于老旧小区改造项目，只需要进行消防备案即可。

(二) 工程实施效果

该项目抗震加固及综合整治的主要内容有：结构整体加固、建筑节能（包括增设外墙外保温和屋顶保温、更换节能窗)、楼内设备管线的更新、加固后的装修恢复、小区环境的整治、室外地下管线的重新敷设等。

1）结构抗震加固施工过程如图 1-14～图 1-17 所示。

图 1-14　建筑周边贴建建筑及原有外挑阳台拆除

图 1-15　桩基础施工

图 1-16　外套结构基础施工

图 1-17　外套结构预制构件吊装

2）改造前后外立面如图 1-18、图 1-19 所示。

该项目实施时间节点：2013 年 2 月申报并纳入北京市 2013 年总体改造计划，2013 年 5 月完成施工图设计及审查，2013 年 5 月进行居民协调、拆违章搭建工作，2013 年 6 月至 9 月完成楼本体综合改造，2014 年完成室外管线和小区环境整治，2014 年底完成项目验收。项目抗震加固改造后，房屋的抗震安全得到保障，每户还稍增加了使用面积，居民反映良好。

图 1-18　改造前外立面

图 1-19　改造后外立面

四、项目保障措施

（一）资金保障

该项目资金由北京市和所在辖区两级财政各负担 50%。结合该项目之前完成的北京市抗震节能综合改造试点工程经验，制定了统一的财政标准。

（二）政策保障

颁布了地方性法规 1 部（《北京市实施〈中华人民共和国防震减灾法〉规定》）、技术导则 4 部、规范性文件 16 份，规范性文件涵盖工程的各个阶段和各个方面。

五、总结

（一）主要经验

（1）有健全的组织机构，建立联席会议制度，加强组织领导，做好统筹协调和计划管理。

（2）由政府承担抗震加固改造资金，并保障改造资金足额到位。

（3）对于安全性鉴定满足要求，抗震鉴定不满足要求的房屋，可以不进行房屋内部加固，通过增加面积的方式进行抗震加固，居民相对易于接受。

（4）着力开展综合改造宣传工作。制定了专题宣传方案，包括公益广告、专题宣传片和宣传海报。通过宣传，让全社会认识到抗震节能综合改造的工作内容，让综合改造涉及的居民了解抗震节能综合改造的工作背景、改造工作给市民带来的好处、市民有配合改造工作的义务以及改造工作的流程和技术路线等。

（二）加固难点

采用增加面积的方式进行加固改造，存在每户所增面积大小不同的情况，另外该方式造价较高。

第三节　北京市某小区砌体结构房屋抗震加固及综合整治实例

一、项目概况

该建筑为1950年建造的四层砌体结构，建筑面积约2429m^2，房屋纵横墙承重，现浇混凝土楼盖，四层顶为木屋架。地上四层层高均为3.30m，房屋总高度为13.65m。房屋曾在唐山地震后进行过外墙增设混凝土圈梁、构造柱加固。经过结构安全性鉴定和抗震鉴定，该房屋安全性等级为A_{su}级，满足安全性鉴定要求，房屋所在地区抗震设防烈度为8度（0.2g），设计地震分组第二组，按照后续工作年限30年A类的要求进行抗震鉴定，房屋综合抗震能力指数小于1.0，不满足抗震鉴定要求，需进行加固处理。

二、加固技术方案

（1）工程结构加固设计遵循以下原则：

该房屋为四层住宅楼，属丙类建筑；改造后满足建设单位对房屋的使用要求；满足抗震设防烈度为8度的抗震加固设防目标；后续工作年限为30年。

由于该房屋静力承载力满足要求，只有抗震承载力不足，因而抗震加固相对灵活，可以采用从外部增加抗震构件的方法进行外加固、隔震加固等。经过综合考虑，该房屋若从外部增设抗震构件，无建筑空间，增设后会影响与其他建筑的消防和日照间距，故无法采用，隔震加固因地基开挖量较大业主不同意，最终采用加固房屋外墙（纵横墙都包括）的方式进行外加固，但因横向楼层综合抗震指数仍小于1.0，于是增加了公共部位楼梯间墙体的加固。这样在满足房屋抗震要求的前提下避免了入户加固，也最大程度地减少了对住户的影响。另外，楼梯间加固时也需兼顾消防疏散问题。

（2）具体加固方式：对墙体进行单面 70mm 厚钢筋混凝土板墙加固，板墙的基础需要延伸至原基础位置；考虑木屋架腐朽及防火等要求，对木屋架进行更换。

（3）施工时应注意事项：

1）采用钢筋混凝土板墙进行加固时，为保证加固面层与原墙面的可靠粘接，必须认真做好原墙面的清理及拉结筋的锚固。锚筋施工时，在混凝土上按锚筋的直径要求钻孔，清除孔内碎渣后，用丙酮清洗干净。

2）注入结构胶后插入被锚的钢筋，注意插入钢筋时须挤出一些胶，保证孔内胶饱满，待锚筋完全固定后，经检测合格后，再进行下一道工序施工。钢筋绑扎、焊接、锚固长度及构造措施、混凝土浇筑、养护以及钢筋混凝土板墙、加固施工后的尺寸允许偏差等，除应满足本工程结构施工图的要求外，尚应满足现行国家标准《混凝土结构工程施工质量验收规范》GB 50204 及《混凝土结构设计规范》GB 50010（2015 年版）的要求。

3）混凝土剔凿和机械钻孔时不得损伤原结构钢筋；施工前对电缆线、配电箱等进行妥善保护；结构加固施工应由具有资质的专业施工单位进行；对由于温度应力和收缩变形引起的现浇混凝土板开裂进行灌缝处理；对悬挑阳台局部破损处进行修补；施工时发现图纸与实际情况不符时，及时通知建设单位，监理单位、设计单位等各参建方共同协商处理。房屋标准层结构加固平面图如图 1-20 所示。

（4）该项目的结构加固造价（含拆除）约 800 元/m^2。综合单方造价包括结构加固、节能改造及室内简装、全部机电设备管线更新，以及小区环境的整治、室外地下管线更新等，约 2000 元/m^2。

三、项目实施流程及效果

（一）实施流程

1. 确定实施主体

该项目的产权单位为实施主体，也是项目的建设单位，实施过程中，建设单位委托相应的项目管理公司负责该项目的房屋检测鉴定、项目申报、工程设计、招标采购、签订并履行合同、资金使用管理、沟通协调、竣工验收和竣工结算、决算等一系列工作。

2. 项目前期工作

首先是排查及结构鉴定。该房屋建成年代较为久远，需要先对其进行了结构图纸测绘，在此基础上进行结构检测鉴定，鉴定结论为仅抗震能力不满足要求，应进行抗震加固等处理。

随即进行了项目可行性研究，并编制了可行性研究报告。

3. 加固与改造设计

建设单位选择有资质的设计单位依据批复的可行性研究报告的相关内容进行初步设计，其成果经过审核通过后获得批复。在随后的施工图设计中，设计单位需严格按照初步设计批复的规模、标准和投资概算进行限额设计，确保施工图预算不突破初步设计概算，同时尽量压缩和减少暂估价和暂定项目。施工图须通过审查机构审查，并办理消防设计备案手续。

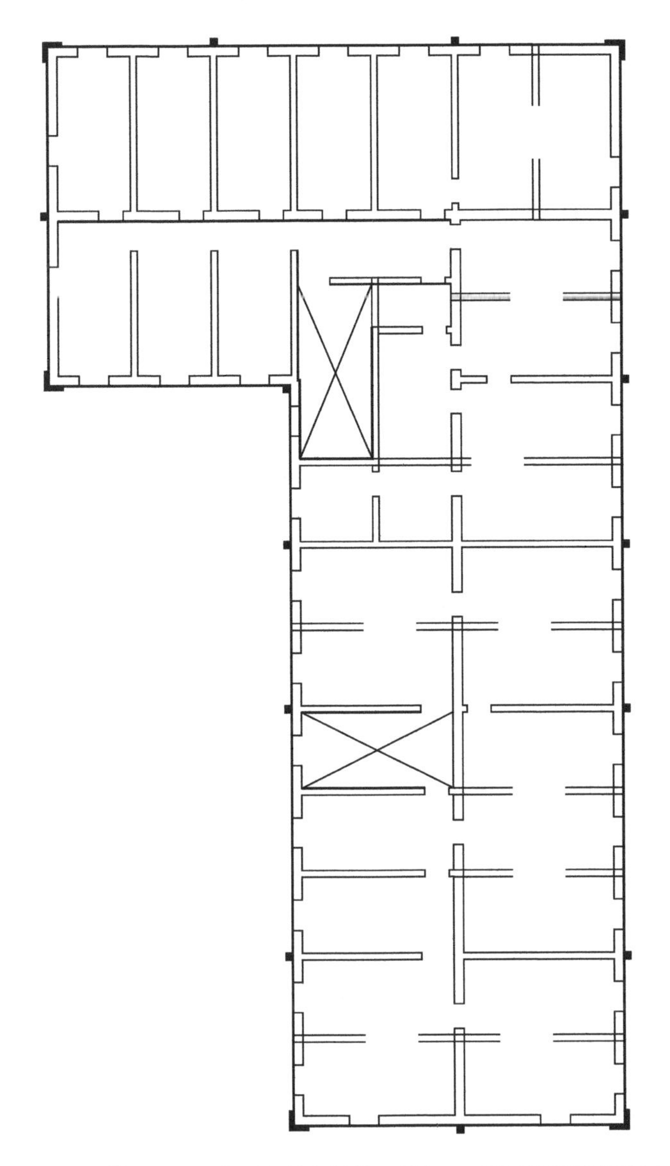

注：▭表示单面加固墙体，采用70mm厚钢筋混凝土板墙加固

图 1-20　房屋标准层结构加固平面图

4. 项目施工

该项目在实施过程中，建设单位及其委托的管理公司，严格按照老旧小区综合整治工作规程的要求进行相应的工程招标及项目建设程序，在施工过程中充分利用并发挥好各参建单位的作用，配合质量监督部门及时做好工程的质量检查和验收记录。

绿色施工是实现建筑领域资源节约和节能减排的关键环节，也是本次改造所倡导的。

项目实施过程中，建设单位与市电力公司、市燃气集团、市热力集团、市自来水集团、市排水集团等部门进行随时协调沟通，保证项目的顺利进行。

（二）工程实施效果

该房屋除了进行结构外墙和楼梯间墙体抗震加固外，还进行了节能改造，即更换外窗、屋面保温（含防水）、外墙外保温，以及楼内公共部位的粉刷、老旧设备设施更换、外墙粉刷、空调室外机统一放置、增设信报箱等综合整治。竣工后，房屋抗震性能得到提升，节能效果明显，房屋内部和外部焕然一新，各种管道设施彻底更新，房屋的综合功能得到明显提升。加固及综合改造前后对比效果明显。

加固前后建筑外立面如图1-21、图1-22所示。

图1-21　加固前建筑外立面

图1-22　加固后建筑外立面

四、项目保障措施

（一）资金保障

该项目资金全部由政府承担，在项目前期做妥准备，确保项目在每一步实施过程中资金运用合理。室内加固期间，楼内住户需要搬离时产生的周转费用也由政府承担。

（二）政策保障

对于加固改造项目，相关主管等部门在符合工程建设法律法规前提下，简化综合改造工程审批手续、缩短办理时间，加快项目顺利实施。

五、总结

（一）主要经验

（1）有健全的项目组织机构，项目统筹协调和计划管理合理。

（2）由政府承担抗震加固及综合整治的资金，项目申报前期深入调研，合理确定项目内容和资金需求，保证资金申报中不遗漏不重复。

（3）严把工程质量关，优选工程建设参与单位，坚持工程建设高标准，加大巡查抽查频次。

（4）把抗震加固与房屋及小区综合整治结合起来是推动老旧房屋加固事宜的有力举措。

（5）建设单位管理到位。由于该项目抗震能力不足，部分加固实施需在建筑内部的楼梯间进行，因此提前与住户沟通协调非常重要。

（二）加固难点

因加固楼梯间期间会对出行有短期影响，因此该项目的主要难点是让居民同意楼梯间加固。

第四节　某小区内浇外挂结构房屋抗震加固及综合整治实例

一、项目概况

该建筑为20世纪70年代建造的6层内浇外挂结构，总建筑面积4308m^2，建筑高度17.1m。经过结构安全性鉴定和抗震鉴定，该房屋安全性等级为B_{su}级，基本安全，房屋所在地区抗震设防烈度为8度（0.2g），设计地震分组第二组，抗震鉴定按照后续工作年限为30年A类建筑的要求进行，该建筑局部抗震措施不满足鉴定要求，需进行加固处理。房屋主要问题有：混凝土墙竖向及横向的配筋率均低于0.15%，不满足鉴定标准要求。

二、加固技术方案

该内浇外挂结构静力安全性基本满足要求，抗震方面主要问题是钢筋混凝土墙体不满足最小配筋率的要求，延性较差，故主要进行抗震加固。加固前标准层结构平面图如图1-23所示。

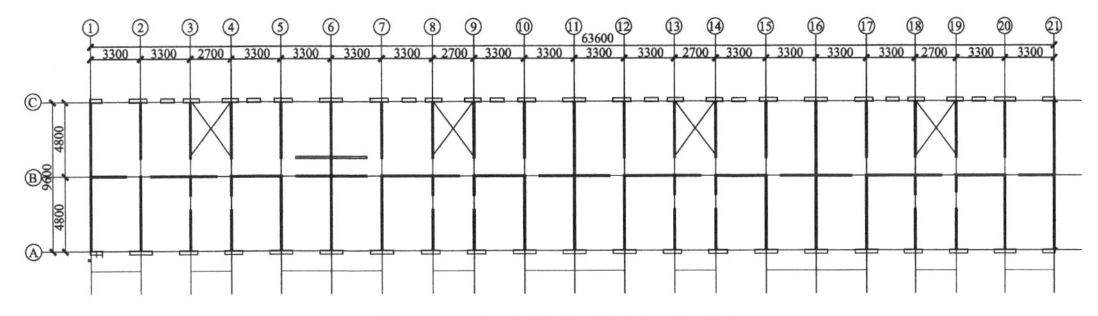

图1-23　加固前标准层结构平面图

因内浇外挂这种特殊结构形式的加固在现行标准《建筑抗震加固技术规程》JGJ 116中没有规定，故设计单位出具加固设计方案，并进行专家论证，主要评审意见如下：一是原建筑采用内浇外挂结构，内外墙配筋率小于0.15%，最低值仅为0.03%，其配筋率不满足鉴定标准要求，应对结构进行整体加固；二是外纵墙采用板墙加固，并由其承担全部纵向地震作用；三是横墙两端外侧增设横向钢筋混凝土墙肢，计算时可考虑新加墙肢与原有墙共同工作；四是所有后加构件均应与原结构构件可靠连接；五是鉴于本工程仅为6层房屋，其边缘构件的配筋率可以比现行抗震规范对剪力墙结构的要求低。

根据该项目特点，结合房屋现状及批复造价情况，如采用双面70mm厚钢筋混凝土板墙加固外纵墙，由于板墙较厚，会使室内使用面积有所减少，且入户加固居民不同意，故最终采用对外纵墙外侧进行140mm厚板墙加固，并加强其与外纵墙及横墙的连接，使其真正与原结构形成整体，共同承担地震作用；横墙两端外侧增设钢筋混凝土墙肢，保证结构整体性；新增墙基础需要延伸至原基础位置，满足抗震设防烈度为 8 度的抗震加固设防目标，后续工作年限为 30 年，标准层平面加固示意图如图 1-24 所示。

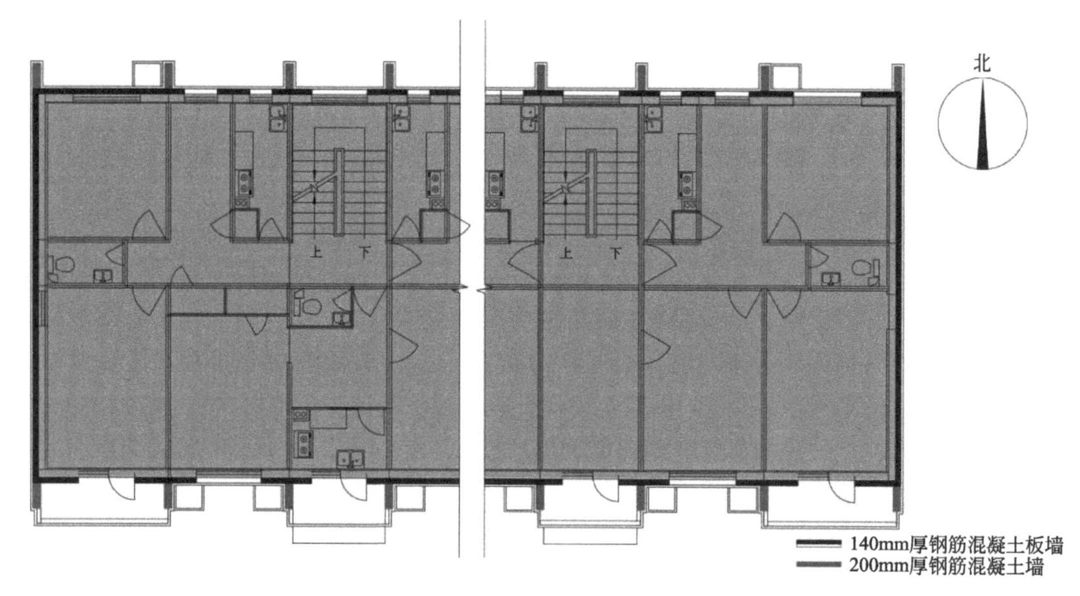

图 1-24　标准层平面加固示意图

另外对原有平屋面进行平改坡改造，屋顶增设钢屋架，铺设合成树脂瓦。

该工程中选择合适的加固方式是设计的重点和难点，最初设计方案为双面 70mm 厚钢筋混凝土板墙加固，此加固方案需要在居民楼户内进行加固施工，这样不仅需要在施工过程中将所有住户都迁移出去，而且加固后居民户内面积会有所减少，大部分居民也对初步的设计方案进行了否定，为此经过多次与居民沟通，并专门请专家团队对设计方案进行评审，确定了上述最终的加固方案。另外，该建筑东侧紧邻该小区内的功能房，东侧墙体的加固存在较大困难，若采用内加固，需要对此部分住户迁离，若采用外加固，则没有施工空间，经过各方商议权衡后，最终决定采用外加固，施工时先将功能房一侧外墙拆除，然后进行该项目的加固施工，加固施工完成后再对功能房进行原样恢复。

改造方案的南北立面效果图如图 1-25、图 1-26 所示。

图 1-25　改造方案的南立面效果图

图 1-26　改造方案的北立面效果图

该项目的结构加固造价（含拆除）约 960 元/m^2。综合单方造价包括结构加固、节能改造及室内简装、全部机电设备管线更新，以及小区环境的整治、室外地下管线更新等，约 3500 元/m^2。

三、项目实施流程及效果

（一）实施流程

1. 确定实施主体

该项目以产权单位作为项目的实施主体，也是项目的建设单位，产权单位委托相应的项目管理公司负责该项目的开展，主要的工作有：组织项目安全排查、房屋检测鉴定、项目申报、工程设计、招标采购、签订并履行合同、资金使用管理、居民沟通协调与维稳、竣工验收和竣工结算、决算等。

2. 项目前期工作

首先是排查及结构鉴定。根据相应的政策，对符合政策条件的建筑进行检测鉴定工作，由于该建筑原始建筑图纸等竣工资料存在部分缺失，故先对其进行了建筑结构图纸测绘，在此基础上进行结构检测鉴定，安全性等级为 B_{su} 级，局部抗震措施不满足要求。

随后该项目进入可行性研究及初步设计阶段，对项目的现状情况进行分析，确定了初步的加固设计方案，并确定了相关的改造内容、投资估算等，出具可行性研究报告、初步设计图纸及投资概算。报告经有关主管部门审核后项目获得批复。

3. 加固与改造设计

在项目获得批复后，由设计单位对该项目进行施工图设计，对设计方案进行深化及优化，保证项目的顺利进行。设计单位需严格按照初步设计批复的规模、标准和投资概算进行限额设计，确保施工图预算不突破初步设计概算，从源头上控制投资，同时，尽量压缩和减少暂估价和暂定项目。由于房屋结构形式的特殊性，加固方案经过了专家论证，设计单位依据论证结果进行方案调整出具施工图，并通过审查机构审查，办理消防设计备案手续。

4. 项目施工

该项目在实施过程中，建设单位及其委托的管理公司，严格按照老旧小区综合整治工作规程的要求进行相应的工程招标及项目建设程序，在施工过程中充分利用并发挥好各参建单位（包括设计单位、施工单位、监理单位）的作用，配合质量监督部门及时做好工程的质量检查和验收记录。

由于该项目是居民楼的加固改造，项目开工前先由建设单位牵头，会同项目管理、设计、施工及监理单位，现场对项目实施方案向该楼住户代表进行介绍，做了大量的居民工作，保证了项目的顺利进行。

项目采取封闭施工，杜绝尘土飞扬，选择合适的时间进行施工，尽量减少施工过程中对居民的影响，在施工过程中及时同楼内居民住户沟通联系，保证施工期间居民正常的生活用水及用电，大力做好保障措施，最大限度地节约资源并减少对环境负面影响的施工活动，保证工程顺利进行。

项目实施过程中，建设单位与市电力公司、市燃气集团、市热力集团、市自来水集团、市排水集团等部门进行随时协调沟通，保证了项目的顺利进行。

（二）工程实施效果

该项目加固及综合整治的主要内容有：结构整体加固、建筑节能（包括增设外墙外保温和屋顶保温、更换节能窗）、楼内机电设备管线的更新、加固后的装修恢复、院区环境的整治、室外地下管线的重新敷设等。

（1）结构抗震加固初期施工过程如图 1-27 所示。

图 1-27　结构抗震加固初期施工过程

（2）改造前后外立面如图 1-28、图 1-29 所示。

图 1-28　改造前外立面

图 1-29　改造后外立面

四、项目保障措施

（一）资金保障

项目资金全部由政府承担，从前期开始对改造工作进行全面考虑，确保项目在实施过程中没有缺项、漏项，合理分配项目中各项资金的使用，保证项目资金充足。同时考虑到该项目建筑建成年代较为久远，施工过程中对住户内的装修可能会产生破坏，项目提供了部分对于住户室内装修损坏部分进行恢复的费用。

（二）政策保障

对于加固改造项目，各相关部门在符合工程建设法律法规前提下，简化综合改造工程审批手续、缩短办理时间，对只因为结构加固而导致面积增加的工程，只进行备案即可，这些举措是项目得以部分实施的有力保障。

五、总结

（一）主要经验

（1）项目组织合理，计划安排周全，有明确的实施主体。

（2）该项目资金全部由政府承担，项目过程中预留了相应室内装修恢复的费用，保证项目能够顺利地实施。

（3）项目施工过程计划周密、管理严格，工程材料选用的均为优质产品，保证了项目的施工质量。

（4）抗震加固与节能改造相结合，一次施工，彻底解决老旧住宅存在的安全及其他问题。

（5）建设单位管理到位。建设单位多次给居民做工作，了解居民的实际困难，帮助困难住户实施搬家等，切实以住户需求为根本。

（二）加固难点

该项目中主要难点及焦点是让居民同意加固以及加固方案的多次修改和最终确定。

第五节　北京市某小区砌体结构房屋抗震加固及综合整治实例

一、项目概况

该建筑为 1958 年建造的 3 层砌体结构，地上建筑面积 1579.2m^2，建筑高度 10.75m（檐口高度），首层层高 3.6m，第 2 层层高 3.5m，第 3 层层高 3.2m。楼面板为现浇混凝土楼板，屋面为木屋架瓦屋面，外墙已进行过加固，加固方式为 100mm 厚单面钢筋混凝土板墙加固。经过结构安全性鉴定和抗震鉴定，该房屋安全性等级为 B_{su} 级，基本安全，房屋所在地区抗震设防烈度为 8 度（0.2g），设计地震分组第二组，抗震鉴定按照后续工作年限为 30 年 A 类建筑的要求进行，不满足抗震鉴定要求，需采取整体加固处理。

二、加固技术方案

（一）加固方案选择

结构平面示意图如图 1-30 所示。

该项目为典型的砌体结构住宅，可以采取的加固处理方法有以下几种：

（1）原拆原建，将砌体结构改为剪力墙结构。

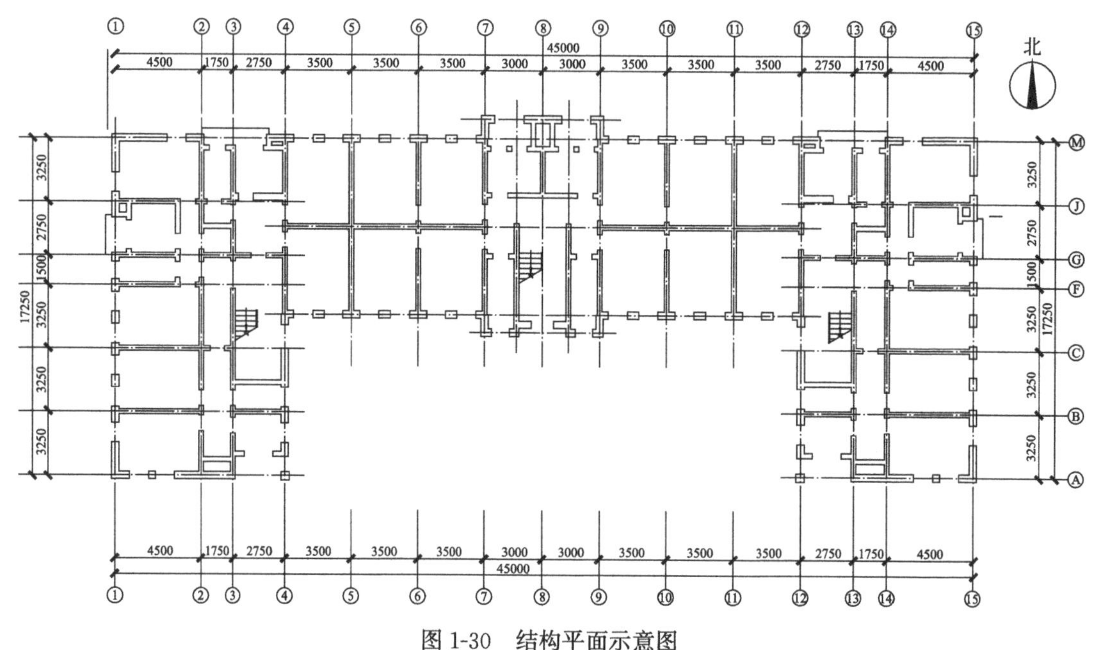

图 1-30　结构平面示意图

（2）对墙体采用双面钢筋混凝土板墙加固，对楼板采用粘贴碳纤维布、粘贴钢板或增设钢筋混凝土叠合层的方法加固。有隐患的木屋架进行局部更换或者改变屋面形式。

（3）增设钢筋混凝土圈梁和构造柱，增设钢拉杆。

根据检测鉴定结果，该项目抗震构造措施不满足要求，楼面、屋面结构不满足要求，经计算分析，针对抗震构造措施、楼屋面板进行加固后即可满足要求，建筑墙体可以不采取加固措施，同时建筑安全性等级为 B_{su} 级，还未达到拆除翻建的程度，因此该项目采取了增设圈梁和构造柱、钢拉杆的加固方式，同时对楼面、屋面进行针对性加固处理。

（二）具体加固方案

各层外墙设置现浇钢筋混凝土圈梁和构造柱，1～3 层内墙局部设置钢拉杆，首层圈梁、构造柱、钢拉杆加固平面图如图 1-31 所示、二层、三层圈梁、构造柱、钢拉杆加固平面图如图 1-32 所示。

新增闷顶及现浇钢筋混凝土坡屋面（板厚 120mm），新增现浇钢筋混凝土屋面结构示意图如图 1-33 所示。

本次项目的重点及难点主要有：增设钢筋混凝土构造柱、圈梁和钢拉杆加强结构的抗震构造；木屋架改为现浇屋面板增强墙体之间的约束和结构整体性；钢拉杆和楼板碳纤维布加固需要入户实施，需住户配合，原木屋架改为现浇屋面板，顶层住户需迁移。

该项目结构加固单价约 950 元/m^2。综合单方造价包括抗震加固、节能保温、室内上下水改造、室内装修恢复、楼梯间公共区域粉刷等，约为 3016 元/m^2（不含居民周转的费用）。

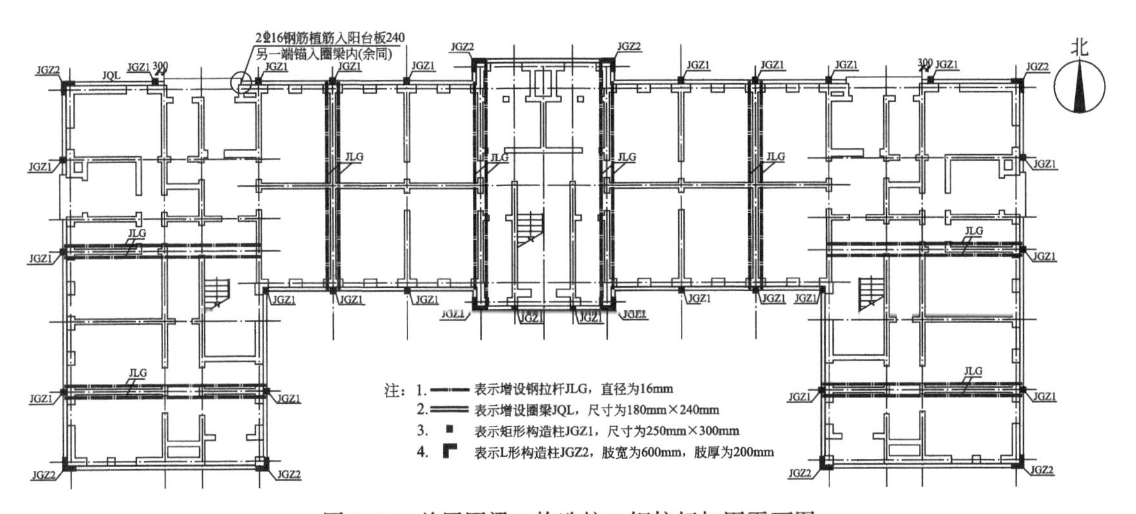

图 1-31　首层圈梁、构造柱、钢拉杆加固平面图

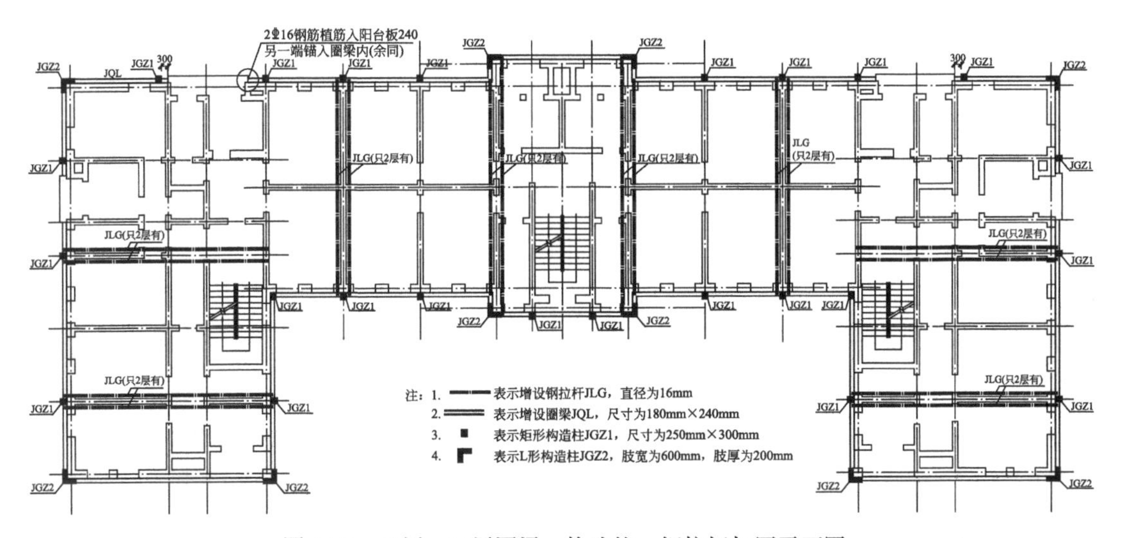

图 1-32　二层、三层圈梁、构造柱、钢拉杆加固平面图

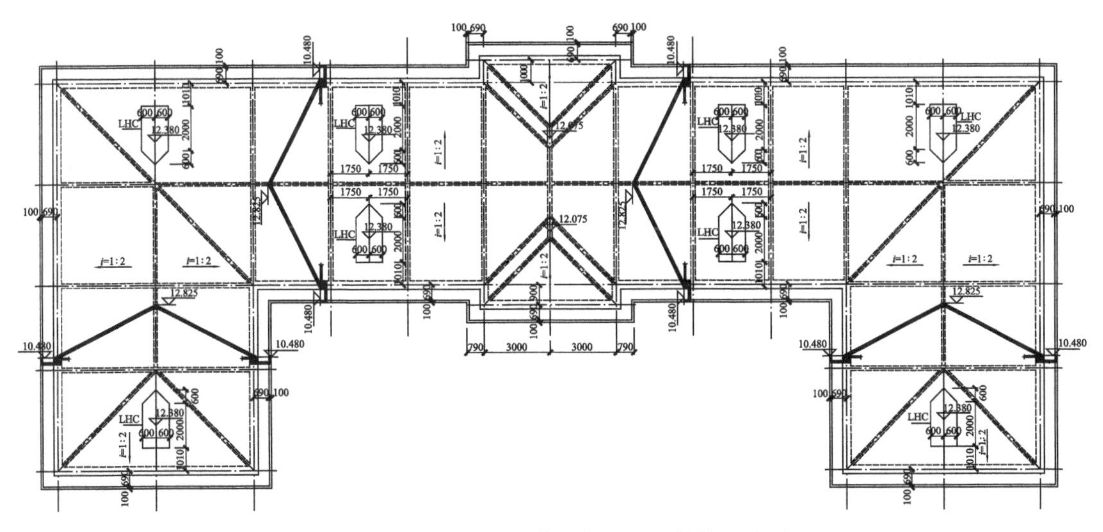

图 1-33　新增现浇钢筋混凝土屋面结构示意图

三、项目实施流程及效果

（一）实施流程

1. 确定实施主体

建筑产权单位作为项目实施主体，也是项目的建设单位。

2. 项目前期工作

首先是结构安全性鉴定。鉴定结论显示，建筑安全性等级为 B_{su} 级，抗震鉴定不满足要求，随即进行项目立项、居民工作（问卷调查）、设计方案的沟通修改等。

3. 加固与改造设计

完成初步设计和初步设计概算，通过评审后进行施工图设计，施工图通过图纸审查机构审查。

4. 项目施工

项目由招标投标确定的施工单位进行施工。

（二）工程实施效果

项目实施过程中部分需要入户，存在个别住户在实施时不配合的情况，项目室内加固的内容部分暂未实施，木屋架改为现浇屋面板暂未实施，对木屋架进行检查无结构损伤后，对屋面瓦、屋面望板进行修复处理。

（1）结构抗震加固施工过程如图 1-34～图 1-37 所示。

图 1-34　基础开挖

图 1-35　构造柱钢筋绑扎

图 1-36　屋面防水修缮

图 1-37　外墙涂料施工

（2）改造前后外立面如图 1-38、图 1-39 所示。

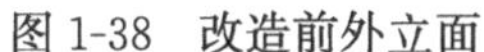
图 1-38 改造前外立面

图 1-39 改造后外立面

四、项目保障措施

（一）资金保障

该项目资金全部由政府承担。

（二）政策保障

各相关部门在符合工程建设法律法规前提下，简化综合改造工程审批手续、缩短办理时间，这些举措是项目得以部分实施的有力保障。

五、总结

（一）主要经验

（1）项目组织合理，计划安排周全，有明确的实施主体。

（2）该项目资金全部由政府承担，项目过程中预留了相应室内装修恢复的费用，以保证项目能够顺利地实施。

（3）项目施工过程计划周密、管理严格，工程材料选用的均为优质产品，保证项目的施工质量。

（4）抗震加固与节能改造相结合，一次施工，彻底解决老旧住宅存在的安全及其他问题。

（5）建设单位管理到位。

（二）加固难点

主要问题是入户施工困难，尤其涉及入户加固需要住户配合，加固实施困难。加固方案选择时应优先选择对住户影响最小的方案。

第六节　北京市某小区内浇外挂结构房屋抗震加固及综合整治实例

一、项目概况

该建筑为20世纪70年代末建造的六层内浇外挂结构，建筑面积3480m^2，建筑高度18m，层高2.9m。外墙厚度280mm，内墙厚度140mm，楼、屋盖均为预制混凝土板，未进行过结构加固，屋面进行过平改坡改造。经过结构安全性鉴定和抗震鉴定，该房屋安全性等级为B_{su}级，基本安全，房屋所在地区抗震设防烈度为8度（0.2g），设计地震分组第二组，按照后续工作年限30年A类的要求进行抗震鉴定，不满足抗震鉴定要求，需采取整体加固处理。

二、加固技术方案

（一）加固方案选择

该项目结构形式为内浇外挂结构，建设单位组织召开专家评审会，根据与会专家意见，检测单位补充检测原建筑配筋情况，根据检测结果重新进行计算，最终确定加固方案。

结构平面示意图如图1-40所示。

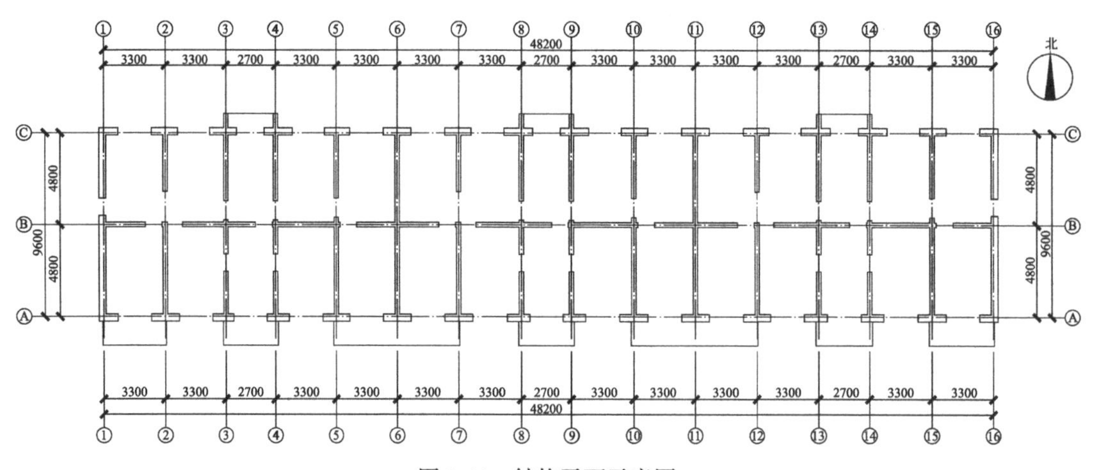

图1-40　结构平面示意图

项目为内浇外挂结构，内墙均为现浇，满足要求，需要对外挂墙板进行加固处理。若将外挂墙板拆除后新浇筑外墙，需要居民进行搬迁周转，不具备实施可行性，最终选择在外墙增设120mm厚钢筋混凝土板墙进行加固。

由于项目结构形式特殊，无相关加固规范作为依据，建设单位组织有关专家对抗震加固设计方案进行评审，评审意见为：原建筑采用内浇外挂结构，外墙采用120mm厚单面钢筋混凝土板墙加固，方案基本可行，建议每层增设外圈梁，圈梁与内墙应可靠连接；当内墙配筋率小于0.1%时，应按中震进行抗震承载力验算，并根据复核结果完善抗震加固设计方案。

（二）具体加固方案

（1）结构周围外墙采用单面喷射混凝土板墙的方法加固，板墙厚度 120mm。

（2）各层外墙均设置现浇钢筋混凝土圈梁，圈梁截面尺寸为 120mm×400mm。

（3）标准层板墙加固平面示意图如图 1-41 所示。增设圈梁示意图如图 1-42 所示。

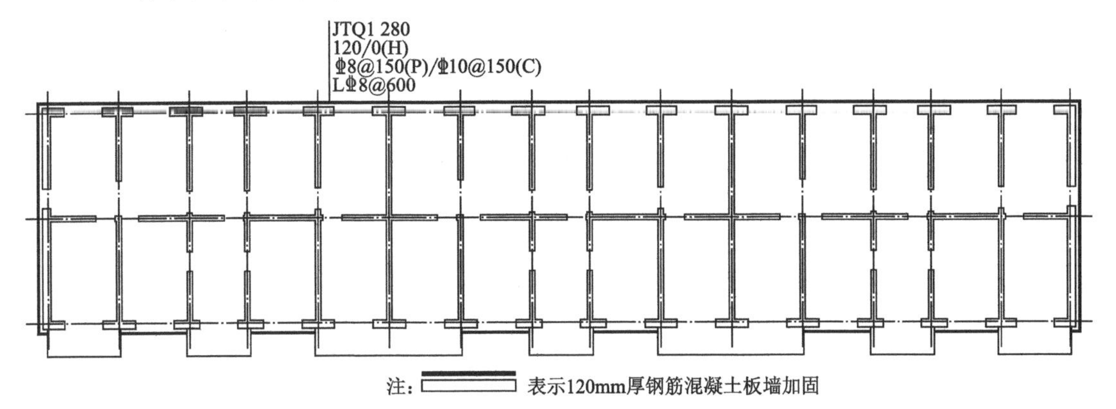

图 1-41　标准层板墙加固平面示意图

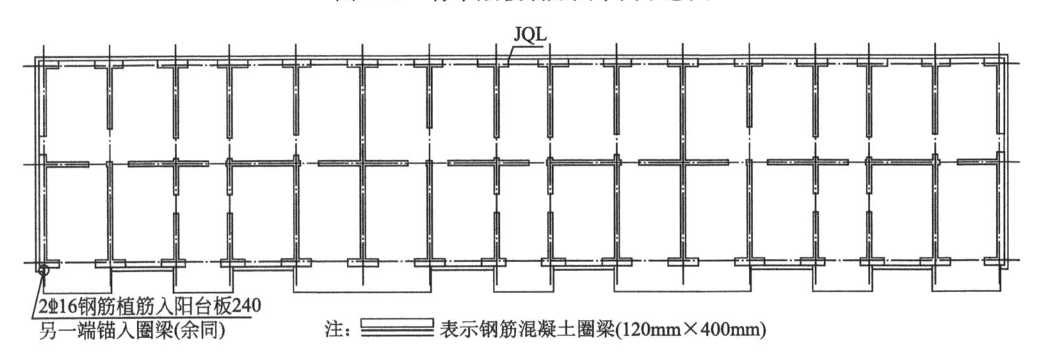

图 1-42　增设圈梁示意图

（4）该项目为抗震节能综合改造，结构加固造价约 1100 元/m^2。综合单方造价包括结构加固、节能改造、室内上下水管线改造等，约为 2000 元/m^2。

三、项目实施流程及效果

（一）实施流程

1. 确定实施主体

建筑产权单位为项目实施主体。

2. 项目前期工作

项目前期工作主要包括项目立项、居民问卷调查、设计方案的沟通修改。

3. 加固与改造设计

完成初步设计和初步设计概算后，上报有关部门通过评审后进行施工图设计，施工图通过图纸审查机构审查。

4. 项目施工

项目由招标投标确定的施工单位进行施工。

（二）工程实施效果

项目加固方式均在外墙外侧加固，加固设计内容全部实施完成。该项目抗震加固改造后，结构安全性得到保障，又结合节能改造和综合整治，建筑面貌焕然一新，受到居民好评。

1）结构抗震加固施工过程如图 1-43、图 1-44 所示。

图 1-43　墙面钢筋绑扎

图 1-44　植筋施工

2）改造前后外立面如图 1-45、图 1-46 所示。

图 1-45　改造前外立面

图 1-46　改造后外立面

四、项目保障措施

（一）资金保障

项目资金全部由政府承担。

（二）政策保障

各有关部门在符合工程建设法律法规前提下，简化综合改造工程审批手续、缩短办理时间，这些举措是项目得以部分实施的有力保障。

五、总结

在对内浇外挂结构形式的房屋进行加固改造时，应查清原结构形式、混凝土强度、配筋等情况，采取针对性的加固方案，加固方案通过专家评审后方可实施。

第七节　城镇住宅类建筑抗震加固总结

近年来，随着地震发生频率的提升，全国各省（市、自治区）、市对城镇老旧房屋的抗震安全愈发重视，有些地区已经采取了一系列的针对性措施对部分房屋实施了抗震排查、鉴定和加固，一些城市也颁布了相应的配套文件，并提供了相关的便利通道，使一批老旧住宅的抗震鉴定和加固得以实施，有效地提高了这些房屋抵御地震灾害的能力。本章从多地住宅加固案例出发，总结项目实施过程中不可或缺的成功因素与不可避免的加固难点，为全国各地全面开展老旧房屋抗震鉴定与加固提供借鉴和参考。

一些地区城镇住宅类房屋能够加固成功，主要因素有：(1) 无论是由政府提供资金组织实施的，还是由业主等其他方式筹集资金组织实施的，健全的组织机构是项目实施的基本条件，合理的资金保障是项目开展的前提；(2) 必备的政策保障和适时的优惠政策是助力项目顺利施行的有力举措，例如把抗震加固与房屋及小区综合整治有机更新结合起来等措施大大推动了老旧房屋抗震加固；(3) 项目实施流程合理、前期调研考察全面、加固设计方案合理、项目审批手续简化、施工质量管理严格以及加固技术灵活适宜等都是项目顺利实施的有力保障；(4) 通过积极与住户沟通协调和相关知识的广泛宣传，在抗震加固改造的同时尽可能满足居民的实际需求、切实保障住户的根本利益。

城镇住宅类建筑抗震加固也面临一些难点，如需入户加固时居民配合的积极性不高，入户加固往往难以实施；部分房屋年代久远，无图纸资料或资料不全；另外在技术方面，个别鉴定单位或设计单位对结构安全性鉴定与抗震鉴定概念不清，也是造成加固无法正确贯彻实施的问题之一；在标准方面，对于安全性鉴定的相关系数不够明确，措施不够现代化，造成一些使用中未出现任何缺陷的房屋被鉴定为危房，从而必须入户进行静力加固（多数房屋只能在外部实施），进一步加剧了加固阻力，也是抗震加固难以实施的原因之一。

可以说，住宅的加固是各类建筑加固中最难实施的类型，因为或多或少地影响居民日常生活或空间使用的问题，所以前期的房屋鉴定至关重要，尤其在安全性鉴定中荷载调整系数的多次变化对鉴定结果影响较大，建议鉴定单位根据房屋实际情况进行合理鉴定，避免过度保守鉴定。另外加固方案的制定和加固技术的研发也是影响住宅加固的重要因素。

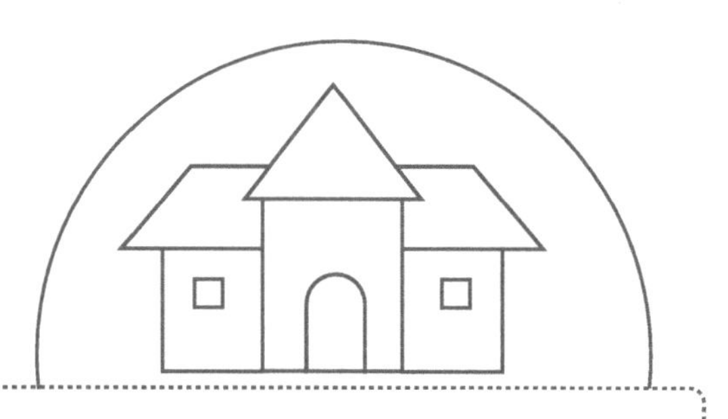

第二章　农房类建筑抗震加固案例

第一节　云南省农村穿斗木-木板墙房屋加固改造实例

一、项目概况

相对于城市建筑，我国农村建筑具有单体规模较小、造价低廉、安全度水平不高等特点。由于农村建筑多数没有经过正规设计、施工和监理，故存在主体结构材料强度偏低(如土木、砖木、石木结构)、结构整体性较差、房屋各构件之间的连接薄弱等问题，一些房屋在不同程度上存在安全隐患。

该建筑为2005年建造的两层穿斗木-木板墙结构。建筑共面积为98.9m^2，建筑共两层，高度为6.75m，屋顶类型为木屋架上铺青瓦。经过结构安全性鉴定和抗震鉴定，该房屋安全性等级为D_{su}级（整体危险）房屋，严重影响整体承载，房屋所在地区抗震设防烈度为8度（0.2g），设计地震分组第三组，按照后续工作年限50年C类的要求进行抗震鉴定，抗震承载力严重不足，必须立即进行加固等处理。

二、加固技术方案

农村危改房与城镇住宅在建筑形态上具有明显差异。房屋低矮，层数少，开间小；在使用上农村危房具有生活和生产的双重性，建筑材料多就地取材。该项目房屋年久失修，结构形式在防火与抗震方面均存在许多安全隐患。穿斗木-木板墙结构平面图、立面图如图2-1～图2-3所示。

加固维修方案应根据房屋安全性鉴定和抗震鉴定指出的安全隐患、结论和建议，以及现场检查实际情况综合分析，选择确定最适合的加固维修方法。

地基基础的加固方法有地基换填加固法、基础补强注浆加固法等。毛石基础灰缝不饱满，应采用水泥砂浆灌缝和勾缝处理；房屋周边排水不畅，应设置排水沟和散水。根据项目特点结合房屋现状及批复造价，原基础承载力基本满足要求，无需采用地基换填加固法、基础补强注浆加固法、增设天然基础等加强承载力措施，地基主要问题为排水不畅，应增设排水沟等构造措施。

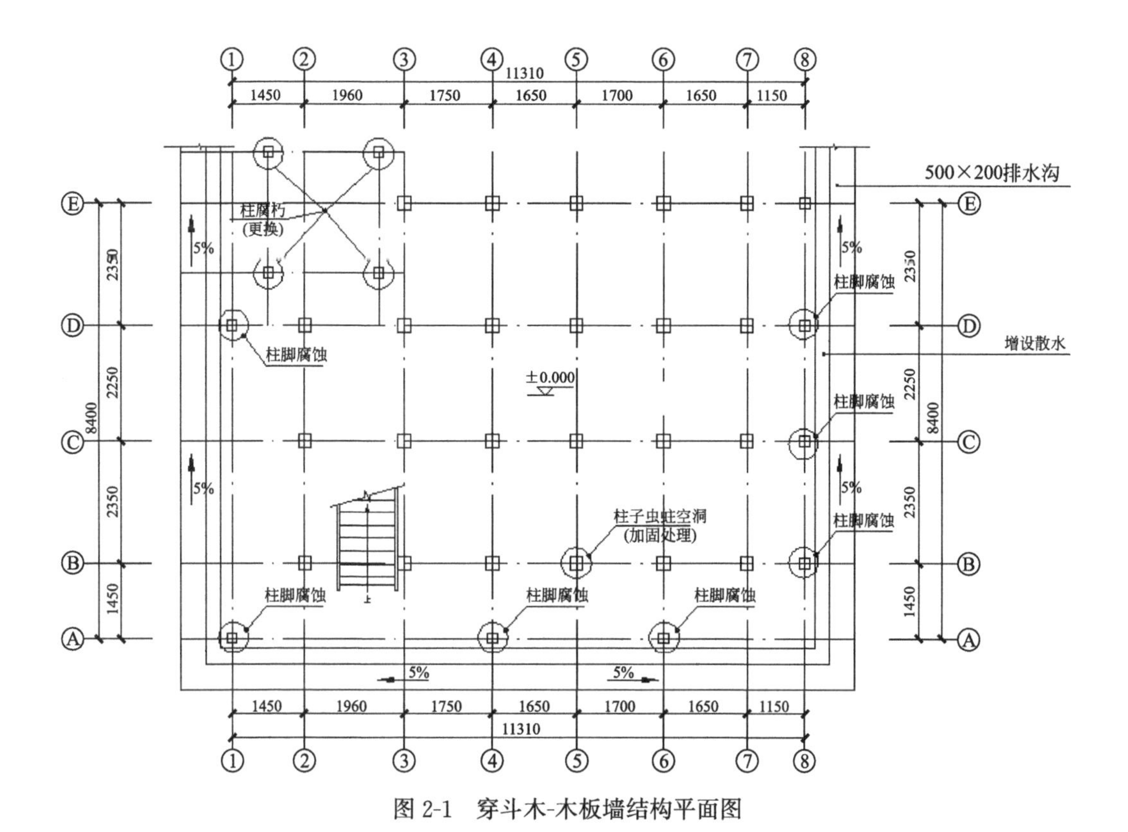

图 2-1　穿斗木-木板墙结构平面图

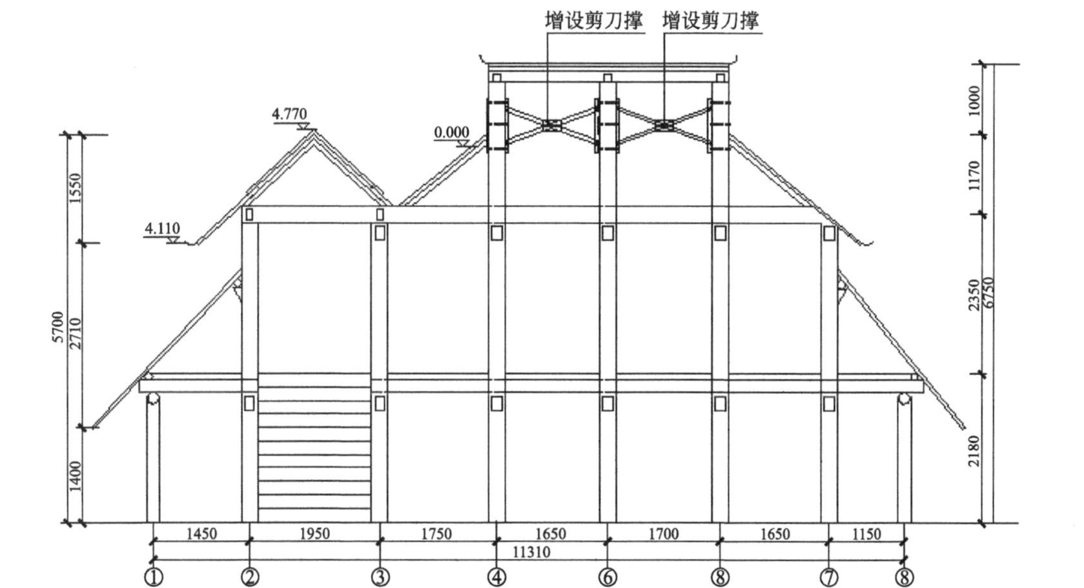

图 2-2　穿斗木-木板墙结构立面图（1）

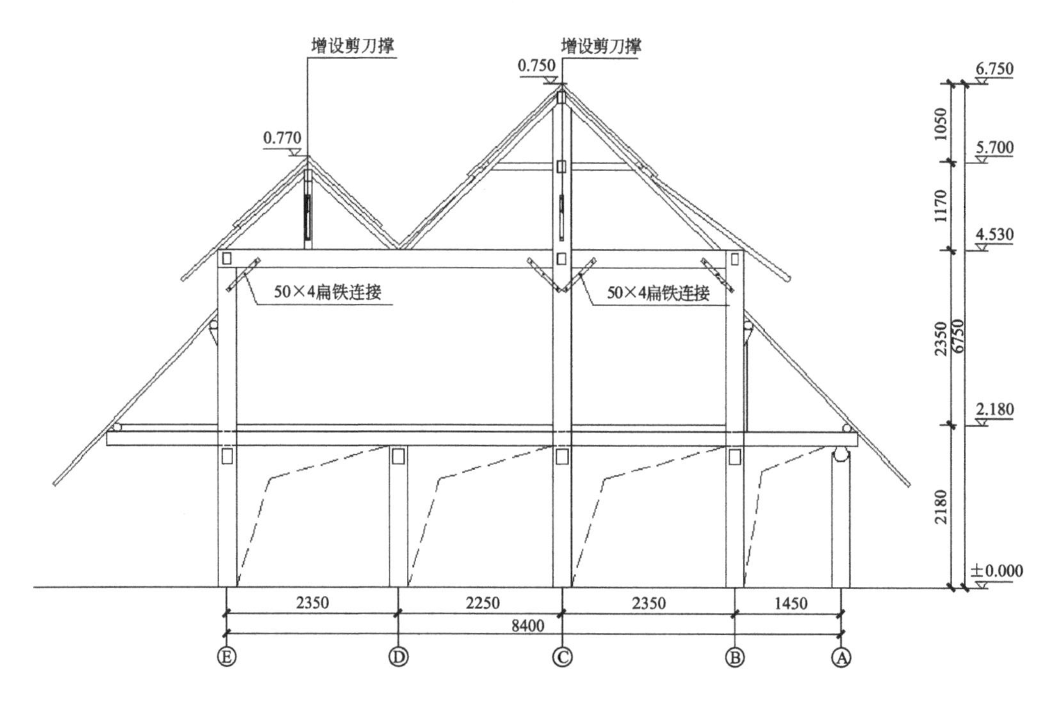

图 2-3　穿斗木-木板墙结构立面图（2）

对于外围护墙木构架承重体系不完整的，应增设构件完善体系。对结构体系整体性较差的，应设置节点加强以及竖向水平支撑。无构造柱、圈梁的砌体结构，应增设构造柱和圈梁等构造措施。

上部结构木梁、木柱的处理措施为：原结构体系中木柱、木梁、木檩条、木椽子等木构件严重腐朽、虫蛀时，若选择外设框柱、梁对使用面积有较大影响，且造价较高，故选择更换或增设新构件的加固方法；当木构件损坏较小时，更换构件造价较大，则采用铁箍或铁丝绑扎加固；木柱脚腐蚀严重，采用更换构件的方式加固造价较高，且需预先拆除上部屋面，对房屋影响较大，故采用浇筑混凝土柱脚的形式加固；三角形木屋架和木柱、木梁屋架增设斜撑；三角形木屋架和穿斗木构架增设竖向剪刀撑。

屋面的处理措施为：拆除瓦屋面，更换腐朽的檩条、椽条及檐口封边板，补齐损坏的瓦片，检查斗隼木节点是否有松动，如有松动所有洞孔内木楔打紧，不是斗隼木节点的用 500mm×50mm×3mm 扁铁进行连接加固，在扁铁两端距端头 30 处，各钻一个 $\phi12$ 的圆孔，根据扁铁上的圆孔位置在木柱、木梁上钻孔，采用螺栓、螺母、垫片将扁铁固定在木柱、木梁上；木屋架间采用竖向剪刀撑进行加固，两 6 号角钢背靠背交叉放置，交叉位置处用螺栓连接。本处理措施造价较低且施工工艺简单。

洗衣生活平台周边结构替换是施工的重点和难点，为此在设计说明及设计交底时明确提出：洗衣生活平台相邻的木柱、木梁、木板，由于无防水措施，局部腐朽严重，需进行局部构件更换，更换前需对影响范围内的构件进行支撑或拆除，避免施工过程中的安全隐患。洗衣生活平台与木柱、木梁、木板相邻处，采用实心 120mm 砖砌防水墙，高度比楼面高 50mm；室外周边增设散水和排水沟。

项目结构加固造价（含拆除）约 210 元/m^2。

三、项目实施流程及效果

（一）实施流程

1. 确定实施主体

各州（市）、县（市、区）党委和政府是农村危房改造工作的责任主体，充分发挥驻村扶贫工作队作用，引导农户自主改造、互帮互建，统筹推进工作。主要工作为组织房屋检测鉴定、项目申报、工程设计、招标采购、资金使用管理、居民维稳、沟通协调、竣工验收和竣工结算、决算等。

2. 项目前期工作

前期资料收集，对该房屋进行分析，提出修缮加固原则及目标，包括保留农村建筑风貌，提高舒适度和改善卫生条件，就地取材，施工简单，材料耐久，结构合理，消除房屋存在的危险点，使结构达到现行标准《危险房屋鉴定标准》JGJ 125 的 A 级或 B 级房屋评定要求；根据修缮加固原则及目标要求，修缮加固前应对危房做进一步的鉴定，对确定的危险点进行统计分析，通过理论分析和结构设计，提出具体的修缮加固方案；核算加固所需的人工、材料及机械费用。

3. 加固与改造设计

建设单位委托设计单位依据批复的可行性研究报告的相关内容进行初步设计及其概算编制，其成果经过审核通过后获得批复，控制项目建设标准及投资。在随后的施工图设计中，设计单位需严格按照初步设计批复的规模、标准和投资概算进行限额设计，确保施工图预算不突破初步设计概算，从源头上控制投资，同时，尽量压缩和减少暂估价和暂定项目。

4. 项目施工

该项目在实施过程中，县级住房和城乡建设部门按照“五基本”原则（基本的质量标准、基本的结构设计、基本的建筑工匠管理、基本的质量检查、基本的管理能力），完善农村危房改造质量安全管理体系，在危房危险等级认定、面积标准、户型设计、改造方案、工匠培训、质量控制和竣工验收等关键环节严格把关，发现问题及时整改。

（二）工程实施效果

该农村穿斗木-木板墙结构房屋危房加固改造项目的主要内容有：结构整体加固、增设抗震构造措施、屋面瓦更换等。结构加固改造造价不高，但房屋的安全性和抗震性得到了明显提高，并进行了简单装修和功能提升，房屋重新焕发了生机，受到农民认可和好评。

1）结构抗震加固施工过程如图 2-4～图 2-9 所示。

2）改造前后外立面如图 2-10、图 2-11 所示。

图 2-4　木柱虫蛀及柱脚

图 2-5　屋面木梁虫蛀及变形

图 2-6　柱脚加固大样

图 2-7　木结构节点连接

图 2-8　腐朽屋盖梁、檩条替换

图 2-9　屋面瓦翻新

图 2-10　项目改造前外立面

图 2-11　项目改造后外立面

四、项目保障措施

（一）资金保障

该项目改造补助资金由中央及省级按比例分配至贫困县，落实到每家每户。县政府在项目前期进行了大量的细化工作，确保项目在每一步实施过程中资金运用合理。

（二）政策保障

按照中共中央办公厅、国务院办公厅印发《关于支持深度贫困地区脱贫攻坚的实施意见》（厅字〔2017〕41 号）的要求，进一步落实党中央、国务院决战脱贫攻坚、决胜全面小康的决策部署，达到“安全稳固、避风避雨”的基本标准，要求把危房改造落到实处。

五、总结

（一）主要经验

（1）进一步明确责任。各州（市）、县（市、区）党委和政府是农村危房改造工作的责任主体，要加强组织领导，整合各类资源，充分发挥驻村扶贫工作队作用，引导农户自主改造、互帮互建，统筹推进工作。

（2）加强监督检查。加强项目进度调度，开展农村危房改造年中、年终和第三方绩效评价，及时公开相关信息，加强资金监管。

（3）严把工程质量关，优选工程建设参与单位，坚持工程建设高标准，加大巡查抽查频次。

（4）修缮改造后的农村危房，必须保证其正常使用安全与基本使用功能，达到“安全稳固、遮风避雨”的要求。

（5）保障安全和基本卫生条件。加强危房改造质量安全管理，严格落实基本的质量标准、基本的结构设计、基本的建筑工匠管理、基本的质量检查、基本的管理能力，达到主要部件合格和结构安全，符合当地抗震设防标准。改造后的农房应具备人畜分离、厨卫入户等基本居住卫生条件。

（6）重建农房应保证场地安全。不应在可能发生滑坡、崩塌、地陷、地裂、泥石流的危险地段或采空沉陷区、洪水主流区、山洪易发地段建房。不应在湿陷性黄土、膨胀土、分布较厚的杂填土及其他软弱土等不良场地建房。

（7）保证施工安全。施工过程中应有必要的人身安全、用电、防火等安全保障措施。施工中发现与原检测情况不符或结构有新的严重危险点的，应暂停施工，封闭现场，并立即报告相关技术人员，采取对应处理措施后方可继续施工。

（二）加固难点

该项目中加固难点是影响房屋设备设施的使用问题，说明结构加固兼顾其他功能一并提升才可以得到使用者的支持，项目才可以顺利实施。

第二节　四川省某砌体结构农房抗震加固实例

一、项目概况

该农房为20世纪90年代建造的单层砌体结构，总建筑面积95m^2，开间数为3间，屋面为平屋面，设女儿墙。经过结构安全性鉴定和抗震鉴定，该建筑安全性等级为C_{su}级，显著影响整体承载，房屋所在地区抗震设防烈度为6度（0.05g），设计地震分组第一组，按照后续工作年限40年B类的要求进行抗震鉴定，抗震构造措施及房屋整体性能不满足规范要求，应立即进行加固处理。房屋主要问题为：外部“亮柱”（用于支撑挑梁的砖柱）长细比过大，容易发生失稳；预制板与承重墙缺少连接措施；无圈梁和构造柱。建筑加固前外貌如图2-12所示。

图2-12　建筑加固前外貌

二、加固技术方案

（一）加固范围与原则

该建筑安全性等级为C_{su}级，抗震构造措施及房屋整体性能均不满足规范要求，此外屋面防水措施不当，屋顶存在漏水问题，应立即采取加固措施。该项目加固范围是农房的主体房屋，是日常生活中大部分时间活动的场所，要求主体房屋有较好的安全性。加固对象主要是纵横墙体、承重墙（柱）与预制板、屋面等主要结构构件。

根据鉴定情况和房屋在抗震以及整体性方面存在的问题，提出以下加固建议：(1) 房屋外侧“亮柱”四周植筋，支模现浇细石混凝土；(2) 预制板下口位置配置 250mm 宽水平配筋砂浆带，主体房屋四个角部位置增设 300mm 宽竖向配筋砂浆带，提高房屋整体性；(3) 在加固过程中对房屋局部的质量问题一并进行加固修复处理，如屋顶铺设 SBS 改性沥青防水卷材等。

(二) 具体实施过程中的注意事项

1. “亮柱”加固

1) 采用钢筋混凝土材料对“亮柱”进行扩大柱截面加固。

2) 柱根部四角钻 10cm 深圆孔，植入 4 根 12mm 纵向钢筋，箍筋采用 ϕ6@200，纵筋与箍筋可靠绑扎。

3) 钢筋外围支木模，木模四周可靠固定，现浇细石混凝土，人工振捣。

4) 拆模养护。

2. 墙体加固

1) 采用双面配筋砂浆带加固。

2) 水泥砂浆强度等级采用 M10。

3) 配筋砂浆带厚度宜为 40mm；水平配筋砂浆带高度为 250mm；竖向配筋砂浆带的宽度为 300mm。

4) 水平配筋砂浆带的纵向钢筋的横向间距为 250mm，竖向配筋砂浆带宽度为 300mm，纵筋为 4 根 ϕ6 的钢筋。

5) 墙体两侧配筋砂浆带应采用 ϕ6 的穿墙钢筋对拉，间距为 500mm。砂浆带加固节点示意图如图 2-13 所示。

图 2-13　砂浆带加固节点示意图

3. 墙面处理

未做面层的清水墙面采用 M10 水泥砂浆进行抹面处理，然后在砂浆抹灰层上涂刷一层具有当地风貌特色的油漆。

4. 屋面防水

屋面防水采用柔性防水，先对屋面顶部用 20mm 厚水灰比为 1∶3 水泥砂浆找平层进行找平，然后刷一道胶粘剂，胶粘剂上面铺设 2mm 厚的 SBS 防水卷材，并采用 20mm 厚的水灰比为 1∶3 水泥砂浆保护层。

5. 安全文明施工

1）安全教育：对施工人员进行安全教育，针对施工过程中可能出现的危险点进行讨论处理，确保施工安全，并在培训后统一发放安全帽。

2）安全警示标志牌：施工前在易发生伤亡事故（或危险）处设置明显的、符合国家标准要求的安全警示标志牌。

3）现场围挡：现场采用警戒线作为临时围挡，高度不低于 1.5m。

4）场容场貌：施工人员进场前保证道路畅通，地面硬化处理，方便后期材料运输。

5）材料堆放：材料、构件、料具等分类有序堆放，水泥和其他易飞扬细颗粒建筑材料应密闭存放或采取覆盖等措施。

6）垃圾清运：施工现场产生的建筑垃圾在施工完成后进行清理，保证施工完成面干净整洁。

该项目的主体结构加固造价约 217 元/m^2。附属结构加固造价约 275 元/m^2。

三、项目实施流程及效果

（一）实施流程

1. 确定实施主体

各县（市、区）党委、政府是农村危房改造和抗震安居工程建设工作的责任主体，对资金使用、项目管理、工程进度、实施效果负直接责任，主要工作为组织房屋检测鉴定、项目申报、工程设计、招标采购、资金使用管理、居民维稳、沟通协调、竣工验收和竣工结算、决算等，应抽调专门人员驻村入户，扎扎实实做好各项工作。各乡镇派专人具体管理实施项目，定期报送工作进展情况。四川省住房和城乡建设厅会同省直有关部门组织相关专家及技术人员，组成专项工作组，定期或不定期深入项目实施现场，开展技术业务指导。

2. 项目前期工作

地震设防地区实施农房抗震改造要严格执行《农村危房改造抗震安全基本要求（试行）》（建村〔2011〕115 号）。通过对危房维修加固实施抗震改造的，应先组织技术力量对原有房屋进行抗震性能鉴定。该建筑安全性等级为 C_{su} 级，抗震构造措施及房屋整体性能不满足规范要求，应立即进行加固措施。之后委托设计单位进行专业设计，根据当地发展规划、传承传统建造技术程度、传统建筑材料，综合考虑村落特色、地域特征、民族特色和时代风貌等，提出有针对性的加固方案并指导实施。核算加固所需的人工、材料及机械费用。

3. 加固与改造设计

建设单位委托设计单位依据批复的可行性研究报告的相关内容进行初步设计及施工

图设计。

4. 项目施工

农村危房改造实施过程中，县级住房和城乡建设部门要按照基本的质量标准，组织当地管理和技术人员开展现场质量检查，并做好现场检查记录。检查项目包括地基基础、承重结构、抗震构造措施、围护结构等，重要施工环节必须实行现场检查。经检查满足基本质量标准的要求后，进行现场记录并与危房改造户、施工方签字确认，存在问题的要当场提出措施进行整改。现场检查记录要纳入农村危房改造农户档案，检查记录的照片要上传到信息系统。

（二）工程实施效果

加固改造完成后，房屋的安全性能及抗震性能得到了明显的改善和提升，再结合当地建筑特色和美丽乡村建设，进行了简单的风貌整修，焕然一新，达到了安全提升、农户满意的目标。

1）结构抗震加固施工过程如图 2-14～图 2-19 所示。

图 2-14　屋面防水现场（一）

图 2-15　屋面防水现场（二）

图 2-16　增大柱截面加固“亮柱”（一）

图 2-17　增大柱截面加固“亮柱”（二）

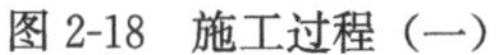

图 2-18　施工过程（一）

图 2-19　施工过程（二）

2）改造前后外立面如图 2-20、图 2-21 所示。

图 2-20　改造前外立面

图 2-21　改造后外立面

四、项目保障措施

（一）资金保障

该项目改造补助资金由中央及省级两级按比例分配至贫困县，落实到每家每户。所有申请资金补助的项目须经抗震安全检查合格后，方可拨付全额补助资金。

（二）政策保障

按四川省住房和城乡建设厅要求，切实把农村危房改造工作放在重要位置，抢抓有利施工季节，开展农村危房改造工程建设攻坚战，按照部、省督察和检查提出的要求，扎实高效地加快建设进度，抓好工程验收和收尾入住工作，抓紧农户档案管理信息系统的录入。

五、总结

（一）主要经验

（1）明确责任主体。省级住房和城乡建设部门对本地区农村危房改造质量安全管理工作负总责。负责提出主要类型农房改造基本质量要求并指导实施，指导和督促县（市）住房和城乡建设部门加强农村危房改造质量安全管理，组织专家开展现场技术指导。县级住房和城乡建设部门是农村危房改造质量安全管理工作的责任主体，负责具体落实农村危房改造基本质量要求和基本结构设计，组织开展现场质量安全检查，并负责农村建筑工匠管理和服务工作，组织开展宣传培训，确保危房改造户知晓基本的质量标准。

(2) 享受各级政府农村危房改造资金补助的农户实施加固改造时，必须严格执行抗震要求的有关规定。鼓励市、县将农村危房改造纳入脱贫攻坚金融支持范围，积极开展与金融机构的合作，通过建立贷款风险补偿机制，实施贷款贴息补助等方式，帮助有信贷需求的贫困户多渠道、低成本筹集危房改造资金。

(3) 农村危房改造房屋设计要严格执行抗震要求，可选用县级以上住房和城乡建设部门推荐使用的通用设计图集，也可使用由注册结构工程师、注册建造师、注册监理工程师以个人身份设计的设计方案或者有资质单位的设计方案，还可由承担建设任务的农村建筑工匠设计。由农村建筑工匠设计的须出具设计说明，并提交乡镇政府村镇建设管理员进行抗震要求审查。

(4) 县级以上住房和城乡建设部门要加强对农村危房改造质量安全和抗震设防的指导与监管，定期组织开展巡查和抽查。要加强村镇建设管理员业务管理，积极开展业务学习和培训。农村危房改造项目竣工后，农户按照施工合同约定需组织验收的，村镇建设管理员要积极提供帮助和指导。

(5) 各地要通过农村危房改造，探索建立农村建筑工匠资格制度。享受各级政府资金补助的农村危房改造，必须由经培训合格的农村建筑工匠或有资质的施工队伍承担。

(二) 加固难点

在实施加固过程中难免遇到超出现有技术指南的情况，可组织专家根据技术指南基本原则以及国家现行规范、规程的精神，制定符合当地情况的技术措施。

第三节　新疆某土墙农房抗震加固实例

一、项目概况

该农房为1976年建造的单层土木结构，卵石基础，土墙承重-木屋盖结构，总建筑面积140m^2，开间数为4间，开间的距离为5m，进深4.5m，屋面为单坡、硬山搁檩屋盖，SBS防水屋面。房屋组成一字形，敞开式外廊，廊道由一排廊柱组成，柱与柱之间支撑木梁，墙壁外线条凸出，窗楣、檐口装饰木质线条，木廊柱精雕细琢，施以彩绘，典型的伊犁地区维吾尔族民族特色民居的传统和风格。经过结构安全性鉴定和抗震鉴定，该建筑安全性等级为B_{su}级，基本安全，房屋所在地区抗震设防烈度为8度（0.3g），设计地震分组第三组，按照后续工作年限30年A类的要求进行抗震鉴定，抗震构造措施及房屋整体性能不满足规范要求，应立即进行加固等处理。该房屋安全性的主要问题：承重墙出现多处裂缝，裂缝宽度为4～10mm，长度为0.2～1m；纵横墙及墙体转角处无可靠连接；木梁纵向有干缩裂缝，裂缝宽度为3～8mm。抗震构造措施主要问题有：硬山搁檩屋盖；无上、下圈梁和构造柱；承重横墙间距超过4.5m；窗间墙宽度小于1m；泥浆砌筑，砌筑砂浆强度低于M5。

二、加固技术方案

（一）加固范围与原则

该建筑安全性等级为 B_{su} 级，抗震性能不满足规范要求，应进行加固处理。加固范围为农房主正房，是日常生活中大部分时间活动的场所，要求有较好的安全性。加固对象主要是纵横墙体、廊柱等主要结构构件。

根据鉴定报告和房屋在安全性和抗震构造措施方面存在的问题，提出以下加固建议：

（1）对墙体开裂、剥落部位进行修复。

（2）在房屋四角、窗间墙、梁下增设构造柱、圈梁。

（3）加强纵横墙的连接和屋面与墙体的连接，提高房屋整体抗震性能。

（4）加强廊柱与木梁的连接，提高廊柱的稳定性。

（二）加固措施

1. 墙体加固

采用双面配筋砂浆带加固。水泥砂浆强度等级为 M10。配筋砂浆带厚度为 40mm，水平配筋砂浆带高度为 300mm，竖向配筋砂浆带宽度为交接处墙体每侧各 300mm。配筋砂浆带的纵向钢筋为 3 根 ϕ8@100，横向箍筋为 ϕ6@250；墙体两侧配筋砂浆带采用穿墙钢筋对拉，直径为 6mm，间距为 400mm；单面锚固拉结筋直径为 6mm，锚固深度为 100～150mm，锚孔钻直径为 10mm 左右，填塞水泥砂浆后插入锚筋。

2. 墙体裂缝修复

剔除面层后，对墙上裂缝孔洞，洒水湿润，用水泥砂浆填缝捣实，涂刷水玻璃，增强墙面的整体性。

3. 屋脊加固和修复

屋脊节点不牢固部位采用扁铁进行节点加固，连接处采用螺栓连接；檩条和檩条之间采用扒钉连接；屋脊三角部位，在檩条下设配筋砂浆带，宽度 300mm，底部与钢筋砂浆带搭接。

4. 地基基础加固处理

通过上部结构整体性加强地面排水措施（散水、排水沟修复），提高房屋抵抗地基不均匀沉降的能力。

5. 墙面处理

未做面层的清水墙面采用水泥砂浆抹面，提高墙体的整体性。

该项目的主体结构加固造价约 189 元/m^2。

三、项目实施流程及效果

（一）实施流程

1. 确定实施主体

各县（市、区）党委、政府是农村危房改造和抗震安居工程建设工作的责任主体，对资金使用、项目管理、工程进度、实施效果负直接责任，主要工作为组织房屋检测鉴定、项目申报、工程设计、招标采购、资金使用管理、居民维稳、沟通协调、竣工验收和竣工结算、决算等，应抽调专人驻村入户，扎扎实实做好各项工作。各乡镇明确专人具体管理实施项目，定期报送工作进展情况。村两委承担农村危房改造和抗震安居工程建设的具体工作。

2. 项目前期工作

地震设防地区实施农房抗震改造要严格执行《农村危房改造抗震安全基本要求（试行）》（建村〔2011〕115号）。通过对危房维修加固实施抗震改造的，应先组织技术力量对原有房屋进行抗震性能鉴定。该建筑抗震性能不满足规范要求，应立即进行加固措施。委托设计单位进行专业设计，根据当地发展规划、传承传统建造技术程度、传统建筑材料，综合考虑村落特色、地域特征、民族特色和时代风貌等，提出有针对性的加固方案并指导实施。核算加固所需的人工、材料及机械费用。

3. 加固与改造设计

建设单位委托设计单位依据批复的可行性研究报告的相关内容进行初步设计及其概算编制，其成果经过审核通过后获得批复，控制项目建设标准及投资。在随后的施工图设计中，设计单位需严格按照初步设计批复的规模、标准和投资概算进行限额设计，确保施工图预算不突破初步设计概算，从源头上控制投资，同时，尽量压缩和减少暂估价和暂定项目。

4. 项目施工

农村危房改造实施过程中，县级住房和城乡建设部门要按照基本的质量标准，组织当地管理和技术人员开展现场质量检查，并做好现场检查记录。检查项目包括地基基础、承重结构、抗震构造措施、围护结构等，重要施工环节必须实行现场检查。经检查满足基本质量标准的要求后，进行现场记录并与危房改造户、施工方签字确认，存在问题的要当场提出措施进行整改。现场检查记录要纳入农村危房改造农户档案，检查记录的照片要上传到信息系统。

（二）工程实施效果

加固改造完成后，房屋的安全性和抗震性能得到了明显改善和提升，保持原有的风貌，房屋焕然一新，得到了农户的认可。

1）结构抗震加固施工过程如图 2-22～图 2-27 所示。

图 2-22　外墙面加固（一）

图 2-23　现场测量

图 2-24　外墙面加固（二）

图 2-25　外墙抹灰

图 2-26　内墙面加固（一）

图 2-27　内墙面加固（二）

2）改造前后外立面如图 2-28、图 2-29 所示。

图 2-28　改造前外立面

图 2-29　改造后外立面（修旧如旧，保持原有建筑风格）

四、项目保障措施

（一）资金保障

该项目改造补助资金由中央及省级按比例分配至贫困县，落实到每家每户。补助资金实行专项管理、专账核算、专款专用，各级财政部门要牵头加强资金使用的监督管理，及时下达资金，加快预算执行进度，并积极配合有关部门做好审计、稽查等工作。所有申请资金补助的项目须经抗震安全检查合格后，方可拨付全额补助资金。

（二）政策保障

各地住房和城乡建设、发展改革和财政部门在当地政府领导下，会同民政、民族事务、扶贫、残联、环保、交通运输、水利、农业、卫生等有关部门，共同推进农村危房改造工作。

五、总结

（一）主要经验

(1) 强化责任落实。坚持一级抓一级，层层抓落实，压实地方特别是县级有关部门主体责任。严格执行农村危房改造脱贫攻坚相关政策要求，因地制宜制定实施方案，合理安排工作计划，明确时间表、路线图。积极推进工程实施，统筹做好项目、资金、人力调配，逐村逐户对账销号。

(2) 享受各级政府农村危房改造资金补助农户实施加固改造时，必须严格执行抗震要求的有关规定。县级住房和城乡建设部门和乡政府村镇建设管理员要按照抗震要求，加强对农村危房改造房屋设计、施工等环节的指导与监督。

(3) 农村危房改造房屋设计要严格执行抗震要求，因地制宜，积极探索符合本地实际的危房改造方式，提高补助资金使用效益。

(4) 县级以上住房和城乡建设部门要加强对农村危房改造质量安全和抗震设防的指导与监管，定期组织开展巡查和抽查。加强村镇建设管理员业务管理，积极开展业务学习和培训。

(5) 各地要通过农村危房改造，探索建立农村建筑工匠资格制度。县级以上住房和城乡建设部门要加强对农村建筑工匠的培训、考核及监督管理。承揽农村危房改造项目的农村建筑工匠或者单位要与农户签订工程承包合同，并按合同约定对所建房屋承担保修和返修责任。

（二）加固难点

加固材料的选取和运输等。

第四节　甘肃省某混杂结构农房抗震加固实例

一、项目概况

该农房为1990年建造的单层混杂结构，砖土混杂承重-木屋盖，总建筑面积60m²，开间数为5间，屋面类型为单坡、木屋架（抬梁式），瓦屋面。经过结构安全性鉴定和抗震鉴定，该建筑安全性等级评定为C_{su}级（局部危房），显著影响整体承载，房屋所在地区抗震设防烈度为7度（0.15g），设计地震分组第三组，按照后续工作年限40年B类的要求进行抗震鉴定，抗震性能不满足要求，应立即进行加固等处理。具体问题为：承重土坯墙存在多处细微裂缝，且墙上草泥保护层剥落；承重砖墙窗上墙出现裂缝；屋架上沿木梁纵向有轻微干缩裂缝；无圈梁和构造柱，承重横墙间距超过4.5m，窗间墙宽度大于1m，不满足房屋抗震要求。建筑加固前外貌如图2-30所示。

图2-30　建筑加固前外貌

二、加固技术方案

（一）加固范围与原则

该建筑安全性等级为C_{su}级，局部危险，抗震性能不满足要求，应立即采取加固措施。加固范围是农房主正房，是日常生活中大部分时间活动的场所，要求有较好的安全性。加固对象主要是纵横墙体、木屋架、屋架与墙体连接、门窗过梁等主要结构构件。

根据现场鉴定情况和房屋的危险状况，提出以下加固维修建议：

（1）将墙体开裂、剥落部位进行修复，将房屋四角、梁下部位进行补强。

（2）加强土墙与砖墙的连接和屋面与墙体的连接，提高房屋整体抗震性能。

同时在加固过程中对房屋局部的质量问题一并进行修复处理。

（二）具体实施过程中的注意事项

1. 墙体加固

墙体采用双面配筋砂浆带加固，水泥砂浆强度等级不应小于M10。

配筋砂浆带厚度为35mm，横向配筋砂浆带高度为250mm；竖向砂浆带宽度为300mm，在隔墙所对应的外墙处宽度应超出隔墙边150 mm，以方便与内墙砂浆带拉结。钢筋外保护层厚度宜为10mm，钢筋网片与墙面的空隙宜为5mm。

单面刻槽配筋砂浆带和配筋砂浆带的钢筋带应采用锚固拉结筋与墙体拉结，拉结筋用植筋胶锚固在墙体内；双面刻槽配筋砂浆带的双面钢筋带应采用穿墙筋拉结；穿墙筋拉结可采用$\phi 6$钢筋，锚固拉结筋采用$\phi 6$钢筋。

2. 木屋架加固

对于抬梁式木屋架，在屋架节点不牢靠部位用扁铁进行节点加固，所有连接可采用螺栓连接方式。屋架腹杆与弦杆可采用双面扒钉连接。檩条与屋架、檩条与檩条可用扒钉连接，增加屋架的整体性。对于木屋架木梁干缩裂缝较大的，可用喉箍进行加固，喉箍间距宜为500mm，裂缝可用环氧树脂填缝，对于稍有腐朽的椽子，可采用木材表面硬化剂涂刷。

3. 门窗过梁加固

在门窗洞口上增加门窗过梁。主要方法是通过在原有砖过梁内外两侧加砂浆配筋带，通过钢筋拉结，同时两侧形成钢筋网片将砖过梁夹箍起来。外侧将砂浆面层刻槽去掉，使其加固后不影响里面原貌。

4. 修复内容

对腐朽的木屋架和椽子，加固后刷漆或刷木材硬化剂，对破坏的墙面进行草泥涂抹修复。

5. 加固施工工序

建筑测绘与结构检测鉴定→确定设计方案并施工→墙面加固材料准备→施工放线→墙体刻槽→墙体钻孔→清理浮尘→墙面敷灰→砂浆填充→墙面修饰。

加固三维模型如图2-31所示。

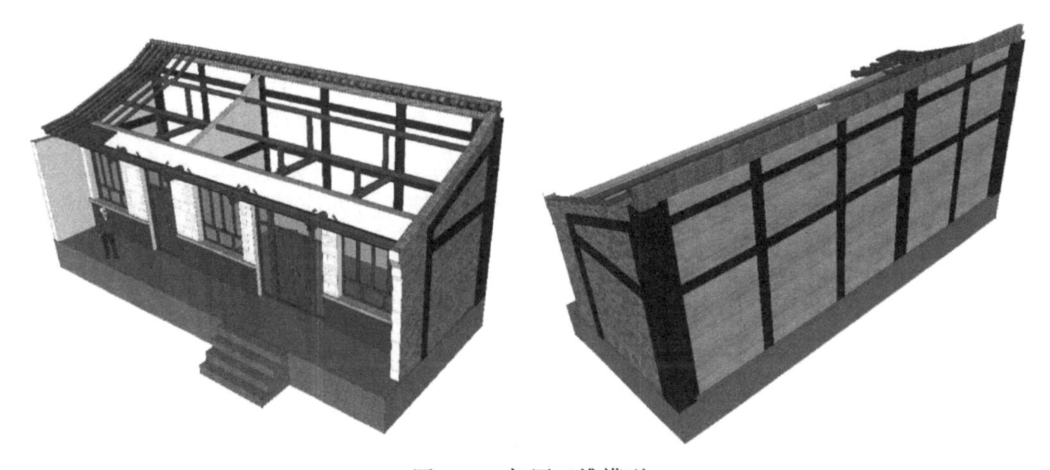

图2-31 加固三维模型

项目的主体结构加固造价约126元/m^2。

三、项目实施流程及效果

（一）实施流程

1. 确定实施主体

各县（市、区）党委、政府是农村危房改造和抗震安居工程建设工作的责任主体，对资金使用、项目管理、工程进度、实施效果负直接责任，主要工作为组织房屋检测鉴定、项目申报、工程设计、招标采购、资金使用管理、居民维稳、沟通协调、竣工验收和竣工结算、决算等，应抽调人员驻村入户，扎扎实实做好各项工作。各乡镇明确专人具体管理实施项目，定期报送工作进展情况。村两委承担农村危房改造和抗震安居工程建设的具体工作。省住房和城乡建设厅会同省直有关部门组织相关专家及技术人员，组成专项工作组，定期或不定期深入项目实施第一线，开展技术业务指导。

2. 项目前期工作

地震设防地区实施农房抗震改造要严格执行《农村危房改造抗震安全基本要求（试行）》（建村〔2011〕115 号）。通过对危房维修加固实施抗震改造的，应先组织技术力量对原有房屋进行抗震性能鉴定。建筑安全性等级为 C_{su} 级，抗震性能不满足规范要求，应立即进行加固措施。委托设计单位进行专业设计，依据检测结果、基本的质量标准或当地农房建设质量要求进行结构设计，根据当地发展规划、传承传统建造技术程度、传统建筑材料，综合考虑村落特色、地域特征、民族特色和时代风貌等，提出有针对性的加固方案并指导实施。核算加固所需的人工、材料及机械费用。

3. 加固与改造设计

建设单位委托设计单位依据批复的可行性研究报告的相关内容进行初步设计及其概算编制，其成果经过审核通过后获得批复，控制项目建设标准及投资。在随后的施工图设计中，设计单位需严格按照初步设计批复的规模、标准和投资概算进行限额设计，确保施工图预算不突破初步设计概算，从源头上控制投资，同时，尽量压缩和减少暂估价和暂定项目。

4. 项目施工

农村危房改造实施过程中，县级住房和城乡建设部门要按照基本的质量标准，组织当地管理和技术人员开展现场质量检查，并做好现场检查记录。检查项目包括地基基础、承重结构、抗震构造措施、围护结构等，重要施工环节必须实行现场检查。经检查满足基本质量标准的要求后，进行现场记录并与危房改造户、施工方签字确认，存在问题的要当场提出措施进行整改。现场检查记录要纳入农村危房改造农户档案，检查记录的照片要上传到信息系统。

（二）工程实施效果

加固改造完成后，房屋的安全性和抗震性都得到了明显改善和有效提升，结合修葺，焕然一新。

1）结构抗震加固施工过程如图 2-32～图 2-37 所示。

图 2-32　承重土坯墙上多处细微裂缝

图 2-33　土坯墙加固

图 2-34　承重砖墙窗上墙裂缝

图 2-35　砖墙加固

图 2-36　屋架上干缩裂缝

图 2-37　木屋架加固

2）项目改造前后外立面如图 2-38、图 2-39 所示。

图 2-38　改造前外立面

图 2-39　改造后外立面

四、项目保障措施

（一）资金保障

该项目改造补助资金由中央及省级按比例分配至贫困县，落实到每家每户。相关部门加强补助资金使用管理，健全资金监管机制，加大对补助资金使用管理情况的检查力度。所有申请资金补助的项目须经抗震安全检查合格后，方可拨付全额补助资金。

（二）政策保障

各地要按照《农村危险房屋鉴定技术导则（试行）》，组织专业人员开展农村危房调查。住房和城乡建设厅、财政厅等部门要按照技术导则和有关文件要求，组织编制农村危房改造规划和实施方案，将改造任务细化分解落实到市、县、乡，并报住房和城乡建设部、国家发展和改革委员会、财政部备案。

五、总结

（一）主要经验

（1）各地要加强对农村危房改造工作的领导，建立健全协调机制，明确部门分工，密切配合。县级住房和城乡建设部门和乡镇政府村镇建设管理员要按照抗震要求，加强对农村危房改造房屋设计、施工等环节的指导与监督。

（2）享受各级政府农村危房改造资金补助农户实施加固改造时，必须严格执行抗震要求的有关规定。

（3）农村危房改造房屋设计要严格执行抗震要求，可选用县级以上住房和城乡建设部门推荐使用的通用设计图集，也可使用由注册结构工程师、注册建造师、注册监理工程师以个人身份设计的设计方案或者有资质单位的设计方案，还可由承担建设任务的农村建筑工匠设计。由农村建筑工匠设计的须出具设计说明，并提交乡镇政府村镇建设管理员进行抗震要求审查。

（4）县级以上住房和城乡建设部门要加强对农村危房改造质量安全和抗震设防的指导与监管，定期组织开展巡查和抽查。乡镇政府村镇建设管理员要在农村危房改造的地基基础和主体结构等关键施工阶段，及时到现场进行技术指导和检查，发现不符合抗震安全要求的当即告知建房户，并提出处理建议和做好现场记录。

（5）各地要通过农村危房改造，探索建立农村建筑工匠资格制度。享受各级政府资金补助的农村危房改造，必须由经培训合格的农村建筑工匠或有资质的施工队伍承担。承担农村危房改造项目的农村建筑工匠要对质量安全负责。县级以上住房和城乡建设部门要加强对农村建筑工匠的培训、考核及监督管理。

（二）加固难点

对于承载力严重不足需要大修的房屋，加固成本较高，而农户补助标准仅占修缮成本的小部分，因此加固时必须综合考虑农户意愿和结构安全、抗震性能，再决定是否加固，以及选取的加固材料等。

第五节　北京某砌体结构农房抗震加固实例

一、项目概况

该农房为20世纪80年代中期建造的单层砌体结构，总建筑面积60m^2。建筑檐口高度 2.7m，双坡屋面，屋脊高度 3.9m，山墙和后墙为 240mm 厚砖墙，内隔墙为 120mm 厚砖墙，采用烧结普通黏土砖与白灰砂浆砌筑，前脸主要为门窗，设置了三根混凝土柱支撑屋顶木柁。屋顶采用木屋盖结构，包括木屋架、檩条、望板、防水油毡和盖瓦。房屋外观如图 2-40 所示，原结构平面布置图如图 2-41 所示。

图 2-40　房屋外观

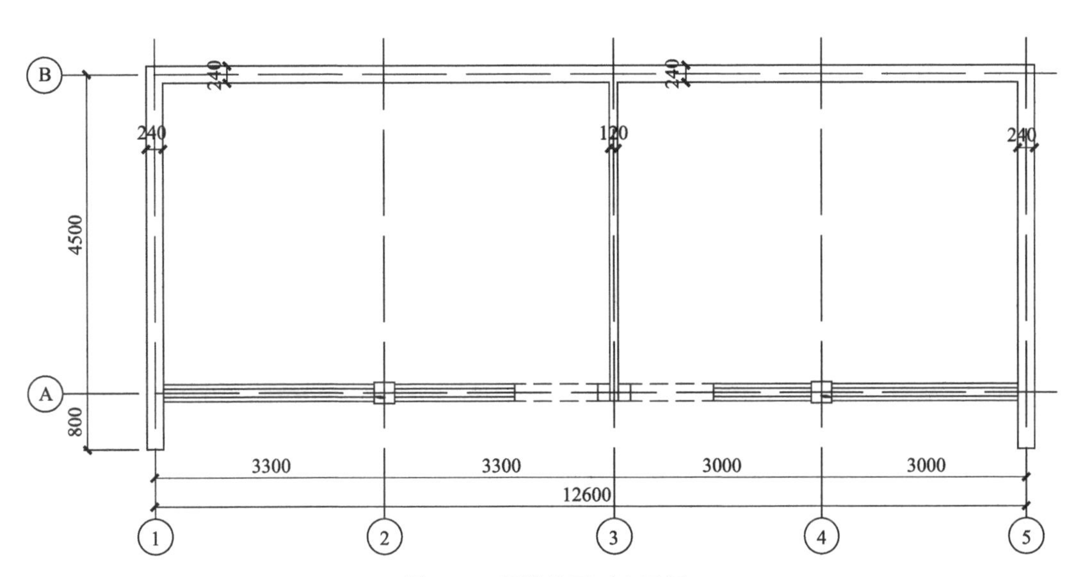

图 2-41　原结构平面布置图

该房屋符合《北京市农村 4 类重点对象和低收入群众危房改造工作方案（2018-2020 年）》（京建发〔2018〕303 号）的相关条件，故前期委托相关鉴定机构对房屋进行了结构安全性鉴定。经过结构安全性鉴定，该建筑安全性等级评定为 C_{su} 级房屋，房屋为北京农村地区典型农民自建住宅，所在地区抗震设防烈度为 8 度（0.2g），设计地震分组第二组，按照后续工作年限 30 年 A 类的要求进行抗震鉴定，房屋基本无抗震设防措施，应进行抗震加固处理。

二、加固技术方案

在综合考虑改造方案的经济性、工期以及对农户生活的影响等因素的前提下，确定采用“砌体房屋预应力抗震加固技术”对该房屋进行加固改造。主要加固措施包括：

（1）两端山墙和后纵墙采用预应力加固法加固，预应力加固砖墙平面布置图如图 2-42 所示。该技术通过沿被加固墙体两侧均匀对称布置竖向预应力筋，并对墙体施加竖向预应力，从而提高墙体的抗震能力。由于预应力筋可以内嵌于墙体中，采用该技术加固墙体的厚度不会增加，房间的使用面积不会减少。加固预应力筋采用直径为 15.2mm 的高强低松弛预应力钢绞线，成对布置，每对预应力筋间隔为 1300～1500mm。为了保持预压应力的有效传递，预应力筋的上下锚固点均采用了专门设计的传力垫块。

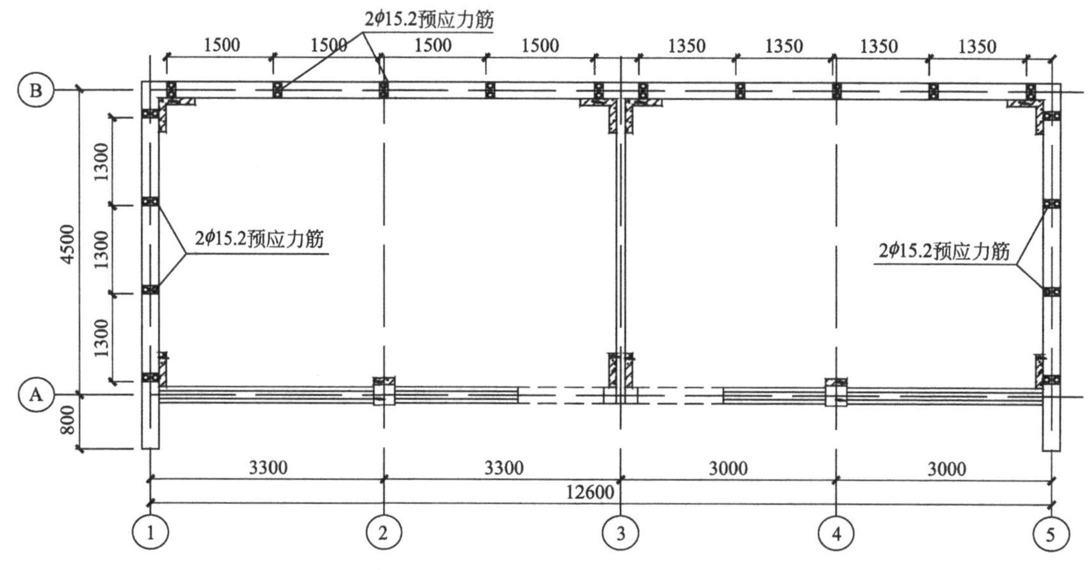

图 2-42　预应力加固砖墙平面布置图

（2）由于原房屋缺少抗震构造措施，整体性较差，在房屋四角沿竖向增加钢筋网砂浆带，起到构造柱的作用，在房屋内隔墙与后墙交接处也沿竖向增加钢筋网砂浆带，起到对内隔墙的约束拉结作用。

（3）原有前窗间柱虽为混凝土柱，但混凝土强度较低，配筋较少，采用单侧钢筋网高强砂浆带对其进行加固补强。此外，在山墙和后墙顶部沿水平设置钢筋网砂浆带，在前墙顶增设钢拉杆，形成封闭圈梁体系，可以实现对房屋的整体约束。该房屋在进行此次改造前，已完成节能保温改造，墙体外侧贴有保温板。为尽量减少加固对外保温的破坏，此次加固的钢筋网砂浆带均布置在墙体内侧。即在房间墙体内侧绑扎安装钢筋网，然后采用 M10 砂浆抹面并养护，单面砂浆面层的厚度为 40mm，水平与竖向钢筋直径为 6mm，并每隔一定间距设置拉结筋，植入墙体保证钢筋网与墙体的连接。该房屋屋盖沿②～④轴一共三道木屋架，为提高木屋架的平面外稳定性，在①～②轴和④～⑤轴两个端开间各设置了一道型钢剪刀撑，剪刀撑采用 Q235B 双肢不等边角钢通过节点板焊接而成，角钢截面为∟80×50×6，用以加强屋盖结构的侧向刚度和稳定性。

（4）现场加固施工期间，发现木屋架木柁主梁均出现开裂，为防止裂缝进一步开展，采用扁钢箍对木柁进行了加固处理。

项目的结构加固造价约600元/m^2。实际实施时，还对加固所导致的房屋外保温面层的破坏进行了恢复处理，对房屋内部进行了装修恢复等，整体改造费用约1200元/m^2。

三、项目实施流程及效果

（一）实施流程

1. 确定实施主体

该农房属于《北京市农村4类重点对象和低收入群众危房改造工作方案（2018-2020年）》（京建发〔2018〕303号）的改造对象。按照工作方案，北京市在全市范围内开展了相关农村危房的改造工作。为此，北京市住房和城乡建设委员会面向社会征集了首批共144人的农村危房改造技术指导专家团队，成立了农村危房改造技术指导专家委员会，将已征集到的9套农房建设方案交由专家进行论证，筛选出了5套符合危房改造实情的方案，并印发《北市农村危房改造维修加固技术方案目录》供百姓参考选择。

2. 项目前期工作

项目前期，北京市各区县按照要求全面梳理了农村贫困户、低保户、分散供养特困人员和贫困残疾人家庭的情况，对其身份进行精准认定和识别。在此基础上，由各区县住房和城乡建设主管部门委托全市多家检测鉴定机构对上述4类人群的住房进行了全面排查和安全性评定。经评定为*C*、*D*级房屋的4类重点对象和低收入群众，列为危房改造对象，纳入危房改造任务，并建立了危房改造台账。

在进行加固与改造设计时，原则上*C*级危房必须加固维修，鼓励具备条件的*D*级危房除险加固，确无加固维修价值的，建议拆除重建。大力推广加固改造方式，引导农户优先选择加固方式改造危房。该建筑抗震性能不满足规范要求，应立即进行加固。委托设计单位进行加固设计，采用了《北市农村危房改造维修加固技术方案目录》所推荐的加固方案。

3. 加固与改造设计

建设单位委托设计单位依据批复的可行性研究报告的相关内容进行初步设计及其概算编制，其成果经过审核通过后获得批复，控制项目建设标准及投资。在随后的施工图设计中，设计单位需严格按照初步设计批复的规模、标准和投资概算进行限额设计，确保施工图预算不突破初步设计概算，从源头上控制投资，同时，尽量压缩和减少暂估价和暂定项目。

4. 项目施工

项目施工由具有专业施工资质的队伍负责。本工程中采用的砌体预应力加固技术对施工队伍的专业性要求较高，应由具有预应力专项施工认证许可的施工企业负责实施，以保证施工质量和标准。

（二）工程实施效果

1）结构抗震加固施工过程如图2-43、图2-44所示。

图 2-43　安装预应力筋

图 2-44　预应力筋张拉

2）改造前后室内如图 2-45、图 2-46 所示。

图 2-45　改造前室内

图 2-46　改造后室内

四、项目保障措施

（一）资金保障

该项目改造补助资金由中央及省级按比例分配至贫困县。市级财政按照差异化补助标准对各区农村危房改造工作给予补助：对生态涵养区（门头沟、怀柔、平谷、密云、延庆）按照 4.7 万元/户的标准给予补助；对其他郊区（房山、通州、顺义、昌平、大兴）按照 4.1 万元/户的标准给予补助；对城区（朝阳、海淀、丰台）按照 3.4 万元/户的标准给予补助。同时要求区级财政配套补助资金，市区两级财政补助原则上不低于 6.8 万元/户。

（二）政策保障

该农房改造项目属于当前全国范围内正在开展的“脱贫攻坚战”的重要工作内容之一。为实现“住房安全有保障”目标，北京市结合农房实际情况，多措并举，推出了一系列惠民政策。一是为做好北京市 4 类重点对象和低收入群众的危房改造及抗震节能农宅建设工作，制定印发了《北京市农村 4 类重点对象和低收入群众危房改造工作方案（2018-2020 年）》（京建发〔2018〕303 号）《北京市抗震节能农宅建设工作方案（2018-2020 年）》（京建发〔2018〕421 号）。二是为指导危房加固维修和抗震节能加固工作，制定印发了《北京市农村危房改造实施办法（试行）》（京建法〔2017〕5 号）。三是为便于各区、乡镇等各级干部和广大群众了解危房改造，还制定了面向各级干部的农村危房改造政策“口袋书”和面向农民群众的“明白卡”。

五、总结

（一）主要经验

（1）针对北京地区典型农村住宅中砌体结构的特点，提出了将砖墙预应力抗震加固技术与传统的钢筋网砂浆面层法、钢拉杆、剪刀撑等加固技术有机结合起来的综合加固方案，在提高整体房屋抗震安全性的同时，成功实现了不减少房间使用面积，不改变建筑外观，提升建筑功能等改造需求。

（2）对所采用的砌体建筑后张预应力抗震加固新技术的施工工艺分析表明，该项技术具有如下特点：加固不减少使用面积，对结构影响小；较传统加固技术更为节省材料，降低工程造价，且施工绿色环保，对环境影响较小；由于基本无湿作业，施工周期也可明显缩短。但该方法需要原砌体的静力承载力满足要求且有一定的富裕度。

（3）市区两级住房和城乡建设部门大力推广造价低、工期短、安全可靠的农村危房加固改造技术，引导农户因地制宜选择合适的加固方式，推进危房改造和抗震节能农宅建设工作，不断消除安全隐患，不断提高房屋质量，让老百姓住得舒心的同时，更住得安心。

（二）加固难点

项目改造所涉及农户为贫困户，政府虽全额拨付改造资金，但数额有限，因此，加固方案首先应考虑经济性。另外，该房屋处于居住使用状态，加固应尽量减少湿作业污染、噪声污染，工期也应尽可能缩短，以最大程度减少由于施工对农户生活带来的影响。

第六节　北京市某砌体（木屋盖）房屋抗震加固实例

一、项目概况

北京市农村某 20 世纪 70 年代自建房为一层砌体（木屋盖）结构，长 17.37m，宽 6.3m，总高 3m，基础埋深 0.3m。房屋所在地区抗震设防烈度为 8 度（0.2g），设计地震分组第二组，按照后续工作年限 30 年 A 类的要求进行抗震鉴定，抗震承载力严重不足，应立即进行修缮加固处理。

二、加固技术方案

（1）增设钢筋网砂浆带圈梁，钢筋网砂浆带圈梁示意图如图 2-47 所示。砂浆强度等级 M10；砂浆带的厚度 60mm，高度 300mm；钢筋网外保护层厚度不应小于 10mm，钢筋网与需加设圈梁的原墙体表面的净距不应小于 5mm；圈梁与墙体之间应采用 L 形钢筋进行锚固，锚固点间距为 400mm，沿圈梁中线布置。

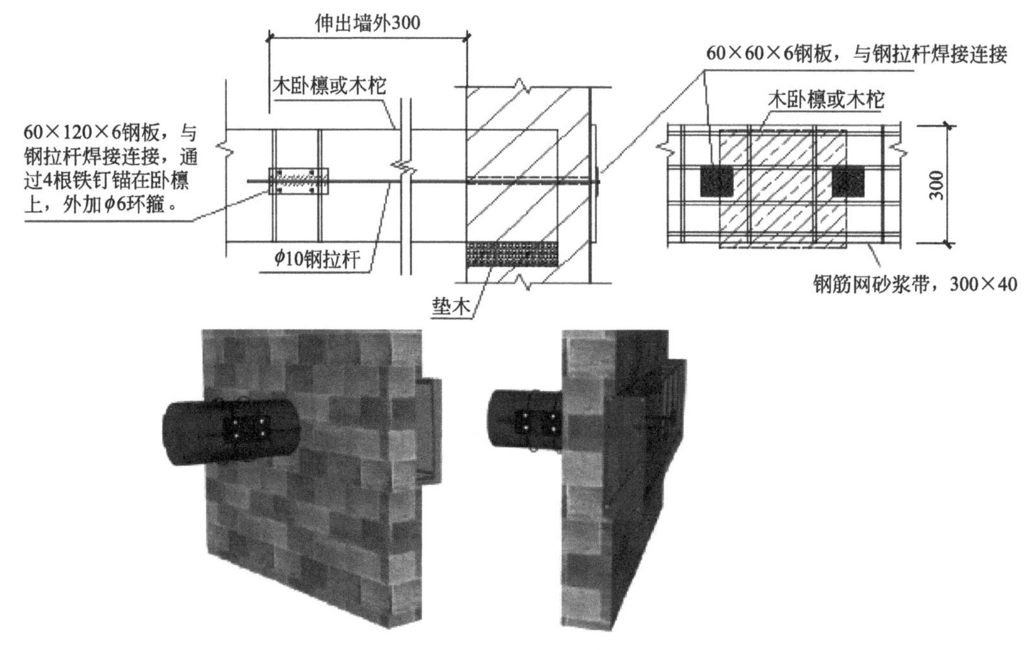

图 2-47　钢筋网砂浆带圈梁示意图

(2) 增设钢筋网砂浆面层包角：包角伸入地面以下，深度同原有基础埋深；采用外侧加固时，包角钢筋网应布置在圈梁钢筋之间；采用内侧加固时，包角钢筋网格布包角砂浆宜与墙体砂浆一同抹面。钢筋网砂浆面层包角示意图如图 2-48 所示。

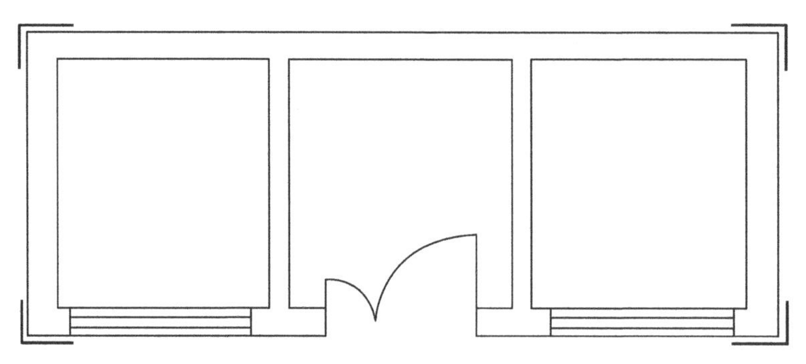

图 2-48　钢筋网砂浆面层包角示意图

(3) 前纵墙（含前纵围护墙）加固。具体要求如下：

1) 钢框应根据门窗洞口的实际大小进行制作。

2) 钢框可采用窗框上部加横撑和斜撑（或圆弧撑）的形式。横撑和斜撑示意图如图 2-49 所示。

3) 钢框应进行除锈、防腐处理，表面涂刷防锈漆，以提高钢框的防腐能力。

(4) 木屋盖加固：木屋盖端开间设置剪刀撑，剪刀撑交叉点处及其与内框架间采用节点板焊接，与原屋架采用螺栓连接。木屋盖加固示意图如图 2-50 所示。

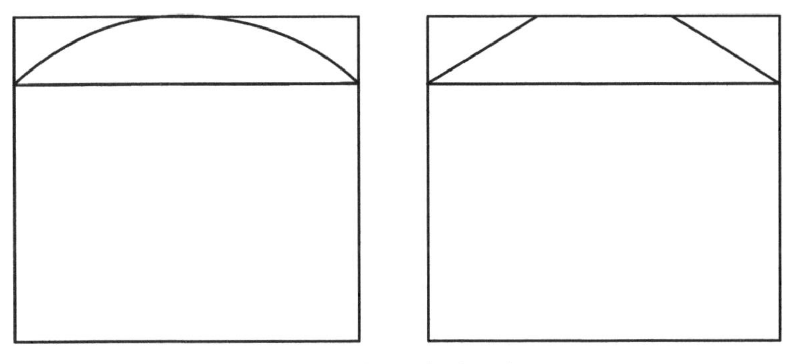

图 2-49　横撑和斜撑示意图

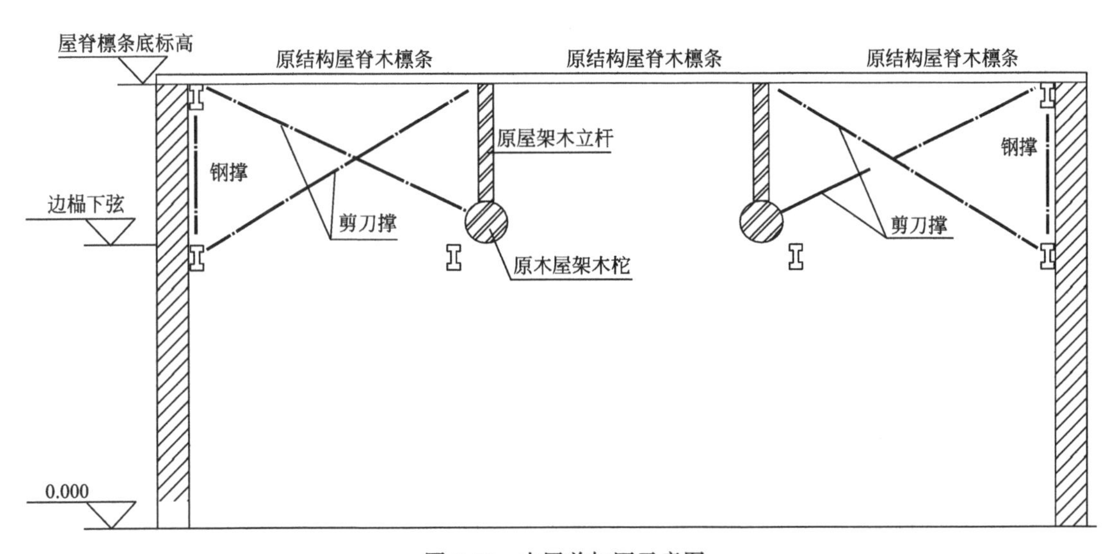

图 2-50　木屋盖加固示意图

(5) 后纵墙裂缝处理，具体要求如下：

1) 于内外两侧竖向粘贴 500mm 碳纤维布，压条 300mm 宽，间距 500mm，并用碳纤维栓对拉连接。

2) 裂缝低压注浆加固。

(6) 其他辅助工艺：

1) 后纵墙加东西山墙，外侧新增外保温，前纵墙内侧新增 50mm 厚保温板。

2) 原有不锈钢门窗拆除，更换塑钢门窗。

3) 原有吊顶拆除，新做轻钢龙骨石膏板吊顶。

4) 内外墙面（不含前纵墙外侧）装饰层拆除，墙面刷涂料。

三、项目实施流程及效果

(一) 实施流程

1. 确定实施主体

各县（市、区）党委、政府是农村危房改造和抗震安居工程建设工作的责任主体，对资金使用、项目管理、工程进度、实施效果负直接责任，主要工作为组织房屋检测鉴定、项目申报、工程设计、招标采购、资金使用管理、居民维稳、沟通协调、竣工验收和竣工结算、决算等，抽调人员驻村入户，扎扎实实做好各项工作。此外，北京市住房和城乡建设委员会专门成立了农村危房改造技术指导专家委员会，指导专业技术。

2. 项目前期工作

组织技术力量对原有房屋进行抗震性能鉴定。建筑抗震性能不满足规范要求，应立即进行加固措施。委托设计单位进行专业设计，根据当地发展规划、传承传统建造技术程度、传统建筑材料，综合考虑村落特色、地域特征、民族特色和时代风貌等，提出有针对性的加固方案并指导实施。核算加固所需的人工、材料及机械费用。

3. 加固与改造设计

建设单位委托设计单位依据批复的可行性研究报告的相关内容进行初步设计及其概算编制，其成果经过审核通过后获得批复，控制了项目建设标准及投资。在随后的施工图设计中，设计单位需严格按照初步设计批复的规模、标准和投资概算进行限额设计，确保施工图预算不突破初步设计概算，从源头上控制投资，同时，尽量压缩和减少暂估价和暂定项目。

4. 项目施工

项目施工由具有专业施工资质的队伍负责。实施过程中，县级住房和城乡建设部门要按照基本的质量标准，组织当地管理和技术人员开展现场质量检查，并做好现场检查记录。经检查满足基本质量标准的要求后，进行现场记录并与危房改造户、施工方签字确认，存在问题的要当场提出措施进行整改。

（二）工程实施效果

改造前后外立面图如图 2-51、图 2-52 所示。

图 2-51　改造前外立面

图 2-52　改造后外立面

四、项目保障措施

（一）资金保障

该项目改造补助资金由中央及省级按比例分配至贫困县。市级财政按照差异化补助标准对各区农村危房改造工作给予补助。所有申请资金补助的项目须经抗震安全检查合格后，方可拨付全额补助资金。

（二）政策保障

北京市结合农房实际情况，推出了一系列惠民政策。具体政策见第五节政策保障内容，此处不做赘述。

五、总结

（一）主要经验

（1）明确责任主体。省级住房和城乡建设部门对本地区农村危房改造质量安全管理工作负总责。县级住房和城乡建设部门是农村危房改造质量安全管理工作的责任主体。

（2）享受各级政府农村危房改造资金补助农户实施加固改造时，必须严格执行抗震要求的有关规定。

（3）农村危房改造房屋设计要严格执行抗震要求，北京市专门成立了农村危房改造技术指导专家委员会，印发《北市农村危房改造维修加固技术方案目录》，为全国农村危房改造加固技术提供建议和帮助。

（二）加固难点

该房屋处于居住使用状态，加固应尽量减少湿作业污染、噪声污染，工期也应尽可能缩短，以最大程度减少由于施工对农户生活带来的影响。

第七节　农房类建筑抗震加固总结

实施农村危房改造是党中央、国务院高度重视的一项惠及千家万户的重大民生工程。农村危房改造和抗震安居工程是解决农民群众安居问题的最有效途径，同时也是保护农民群众生命财产安全的重要举措、提升农民群众幸福指数的主要抓手和扩大内需、促进经济平稳较快发展的重要手段。然而，全国各地农房类加固量不大，多数危房因加固比新建造价高而选择直接拆除新建，一些需要抗震加固的农房户由于资金原因回避正规设计，选择自行加固改造，这种自行加固方式多数没有真正起到加固作用。

本章从几处农房加固案例，总结项目实施过程中不可或缺的一些成功因素与不可避免的几处难点，为全国各地开展农房抗震鉴定与加固提供借鉴和参考。

农房能够加固成功的主要经验：（1）需要有合理的资金匹配保障（包含设计费、加固工程费）、健全的组织机构、必备的政策保障、严格的施工质量管理和流程等；（2）针对贫困户特有的优惠政策使得加固项目顺利开展；（3）为降低费用，农房加固时广泛使用的技术手段（例如加固时就地改造、就近取材）尽可能统一；（4）对农民进行房屋抗震设防意义的有效宣传必不可少；（5）对农村工匠的培训是施工顺利实施的基本保障。

农房加固主要面临的问题有：首先农房以自建为主，基本无竣工图、图纸资料严重不全，故需摸清房屋结构形式、传力路径，才有可能实施加固，而这对于农民来说基本不可能实现；其次由于农房结构形式混杂、结构布置不合理，故加固成本高，农民又不愿意找正规设计院进行加固设计（因有些地方政府对加固的补贴比新建低，农民自身不愿意再多出设计费或者无资金来源)，这样没有针对性的抗震加固，最终影响加固质量和效果；再次针对农房的加固改造技术的现行规范、标准不多，甚至个别设计人员也混淆安全性加固和抗震加固的概念，安全性加固是解决房屋在静力下的安全要求（不含抗震安全)，抗震加固是解决房屋抗震设防的要求，故全面的加固应该是安全性和抗震共同加固，这样才能满足房屋在静力和地震作用下的安全要求；另外农村也缺乏真正懂结构的工匠。建议对于加固费用相对较高没有加固价值的农房进行拆除重建，且应引导农民在重建和新建时进行正规设计、正规施工，督促引导采用农房抗震构造图集进行房屋新建，避免出现一边加固老旧农房一边又不断新建不满足抗震要求新农房，避免不必要的重复加固及浪费。

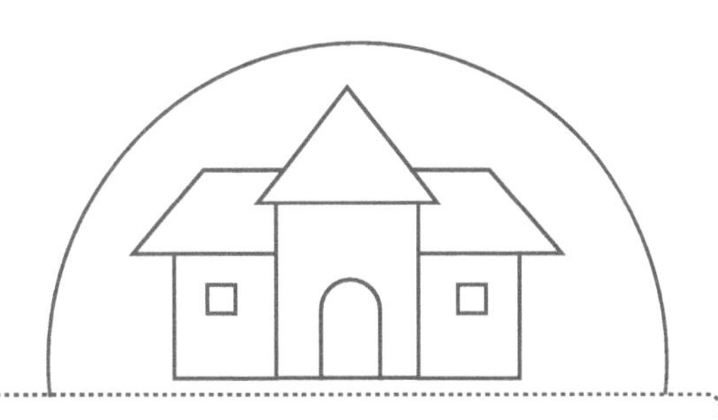

第三章 历史保护类建筑抗震加固案例

第一节 北京市某砌体结构历史建筑抗震加固及综合整治实例

一、项目概况

该建筑为1954年建造的砌体结构，地下一层、地上四层（局部五层），总建筑面积为13600m²，其中地上部分11000m²，檐口高约为20m，纵横墙混合承重，其中，中厅部分有少量钢筋混凝土梁和柱，楼板大部分为现浇钢筋混凝土密肋楼盖，所有中厅以及一层底板走道为钢筋混凝土实心板，屋架为三角形钢筋混凝土桁架和型钢桁架，局部为三角形木屋架。

该建筑已经使用超过50年，经过结构安全性鉴定和抗震鉴定，该房屋安全性等级为C_{su}级，显著影响整体承载，房屋所在地区抗震设防烈度为8度（0.2g），设计地震分组第二组，按照后续工作年限30年A类的要求进行抗震鉴定，抗震承载力不足，应立即进行加固处理。房屋主要问题为：1）部分构件不满足静力承载力要求；2）抗震措施方面不足：房屋抗震横墙最大间距、墙体砖强度等级、圈梁设置、屋盖整体性以及钢筋混凝土构件的配筋构造等不满足现行标准《建筑抗震鉴定标准》GB 50023的要求；3）抗震承载力不足，各楼层的综合抗震承载力指数均小于1.0，密肋楼板底部混凝土有蜂窝麻面、钢筋外楼锈蚀现象，屋面变形、檐口腐朽、部分瓦脱落现象等。

该建筑风格具有当时典型的中式风格及时代特征，具有较高的历史保护价值，故本加固设计方案以保持原有建筑风貌为前提。

二、加固技术方案

工程结构加固设计遵循以下原则：

（1）保持原有建筑风格的同时满足甲方使用功能要求；

（2）满足抗震设防烈度为8度的抗震加固设防目标；

（3）后续工作年限为30年。

一层结构加固平面图如图 3-1 所示。

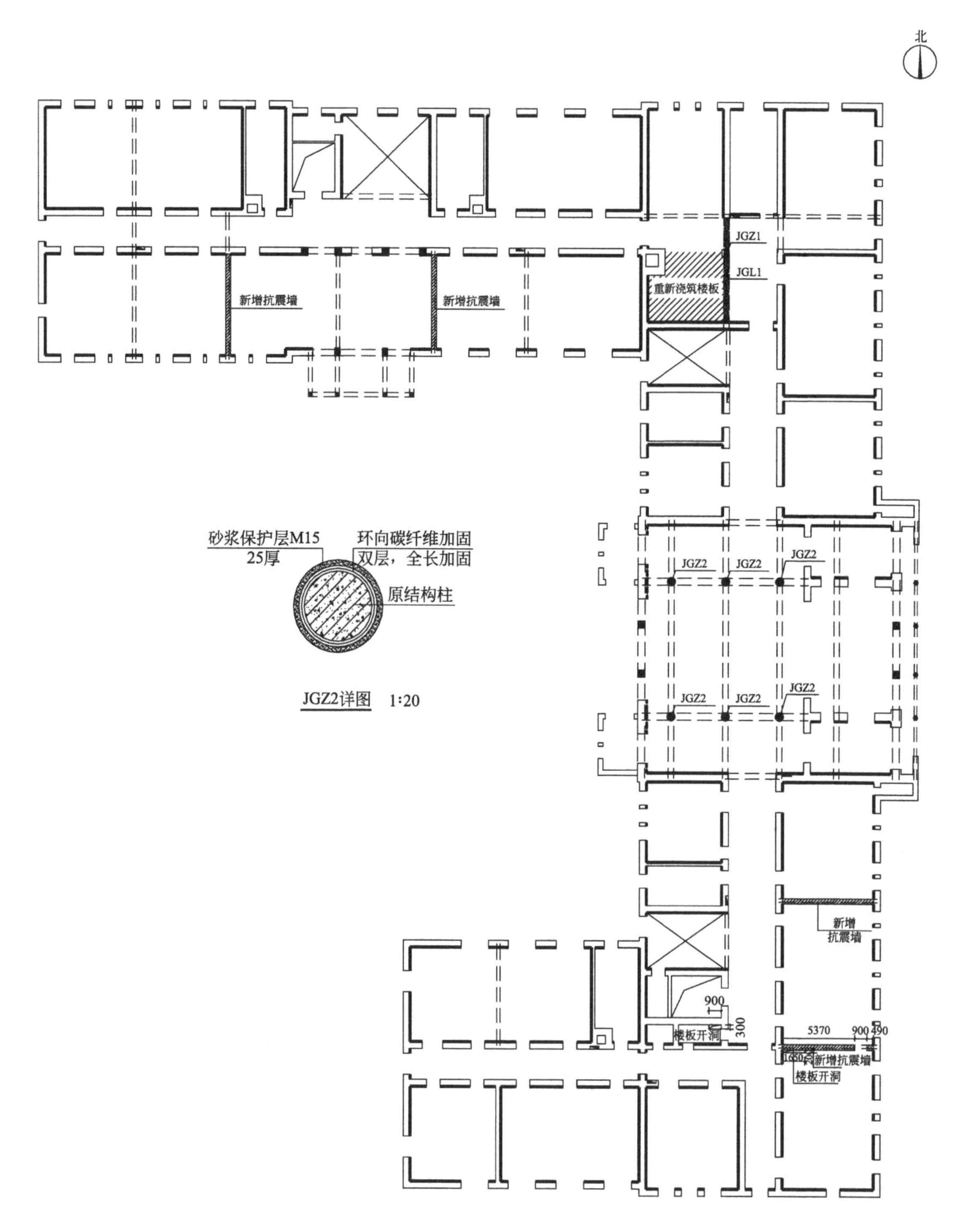

注：1. 表示采用70mm厚钢筋混凝土板墙加固墙体；
2. 表示采用100mm厚钢筋混凝土板墙加固墙体；
3. 表示新增抗震墙。

图 3-1　一层结构加固平面图

项目结构构件采用以下加固方法为：

1. 静力承载力不足的加固

(1) 承载力不足的钢筋混凝土柱和梁采用加大截面或者包钢方式加固；钢筋混凝土现浇梁、柱进行施工时，为保证新旧混凝土的可靠粘接，必须认真做好原混凝土面的清理及拉结筋的锚固。

(2) 将不满足承载力的密肋楼板以增设叠合层的方式进行加固，若现场条件具备，则重新浇筑楼板混凝土；对有蜂窝麻面、钢筋外漏锈蚀等混凝土密肋板进行钢筋除锈阻锈处理，并修补蜂窝麻面；对主要钢筋混凝土受力构件（包括梁、柱、屋架等）进行除锈、修补及隔离碳化处理（涂刷环氧厚浆涂料）；屋架部分进行加强处理等。

2. 抗震加固

(1) 该房屋部分位置横墙间距过大，影响整体抗震承载力，故在适当部位增设砌体抗震墙，每层共增加了 4 道，且增设部位没有对建筑功能产生影响（现有隔墙，只需将隔墙拆除后设置抗震墙）。

(2) 部分墙体进行了钢筋混凝土板墙加固，以达到综合抗震能力指数不小于 1.0 的要求，其中需要增设圈梁构造柱的部位依据现行标准《建筑抗震加固技术规程》JGJ 116 的规定采用配筋加强带替代。为不影响原有建筑风貌，加固外墙选择在内侧加固，走道部分为避免减少走道宽度，在房间内部进行加固，横墙的加固依据干扰最小的原则选择加固位置。

(3) 钢筋混凝土板墙加固施工注意事项：采用钢筋混凝土板墙进行施工，为保证加固面层与原墙面的可靠粘接，必须认真做好原墙面的清理及拉结筋的锚固。

(4) 为减少对原结构的破坏，当预留洞附近有消火栓箱时，尽量使用原消火栓洞口；加固范围以外的混凝土剔凿和机械钻孔时不能损伤原结构钢筋，否则需要通知设计人员会同甲方、监理进行处理；施工前对室内装修、室内物品、电缆线、配电箱等进行妥善保护。

加固造价约 1200 元/m^2。

三、项目实施流程及效果

(一) 实施流程

1. 确定实施主体

该项目的产权单位（也是项目的建设单位）为实施主体，主要工作为组织房屋检测鉴定、项目申报、工程设计、招标采购、签订并履行合同、资金使用管理、居民维稳、沟通协调、竣工验收和竣工结算、决算等。

2. 项目前期工作

首先进行结构鉴定，鉴定结论显示结构抗震不满足要求，应立即进行加固等处理。随即进行了项目可行性研究，对项目的必要性可行性及相关条件逐一分析，并在全面调查深入研究的基础上编制项目建设规模、改造内容、投资估算等，出具可行性研究报告。报告经审核后项目获得批复。

3. 加固与改造设计

建设单位委托设计单位依据批复的可行性研究报告的相关内容，进行初步设计及其概算编制，成果经过审核通过后获得批复，控制了项目建设标准及投资。在随后的施工图设计中，设计单位需严格按照初步设计批复的规模、标准和投资概算进行限额设计，确保施工图预算不突破初步设计概算，从源头上控制投资，同时，尽量压缩和减少暂估价和暂定项目。施工图须通过审查机构审查，并办理消防设计备案手续。

4. 项目施工

该项目在实施过程中，建设单位及其委托的管理公司，严格按照工作规程要求进行相应的工程招标及项目建设程序，在施工过程中充分利用并发挥好各参建单位的作用，配合质量监督部门及时做好工程的质量检查和验收记录。

（二）工程实施效果

该项目除进行结构加固外，还进行了节能改造、内部装修改造、消防改造、机电设备管线更新、布局调整等综合改造，工程竣工后，房屋安全性提高了，并满足后续工作年限为 30 年的 8 度区抗震设防要求，综合功能得到提升，同时保持原有外立面建筑风格。加固前后房屋外观保持不变，如图 3-2 所示。

图 3-2　加固前后房屋外观保持不变

四、项目保障措施

（一）资金保障

该项目资金全部由建设单位承担，确保项目在每一步实施过程中资金运用合理。

（二）管理保障

对于加固改造项目，项目本身复杂，业主在招标过程中依法合理确定优秀的设计单位、施工单位、监理单位且能组织协调各方对项目的顺利完成，起着决定性的关键作用；图纸与现场也有多处不符的地方，需要业主及时协调各方调整应对；另外，加固改造过程中涉及消防、文物、古建等方面的问题，也需要业主组织专家进行会商解决，以满足国家相关规范的要求。业主的科学管理是项目得以实施的有力保障。

五、总结

（一）主要经验

（1）历史建筑具有较高的历史保护价值，因此加固设计应在尽量保持原有建筑风貌的前提下进行。

(2) 总结加固过程中设计、施工等技术经验，探索建立历史建筑保护和利用的规划标准规范和管理机制。

(3) 有健全的项目组织机构，建立政府主导、部门联动的工作机制。坚持政府主导，形成规划行政管理部门为主，房管、土地、文物、建设和消防等主管部门参与的联动工作机制，扎实推进工作。

(4) 由政府承担抗震加固及综合整治的资金，项目申报前期深入调研，合理确定项目内容和资金需求，保证资金申报中不遗漏不重复，这是项目能够实施的资金保障。

(5) 严把工程质量关，优选工程建设参与单位，坚持工程建设高标准，加大巡查抽查频次。

(二) 加固难点

历史建筑加固改造要求尽量保持其原有的建筑造型风貌，结构加固需要统筹规划，既要保证结构安全，又不能破坏原有建筑风格，这需要结构工程师与业主及建筑工程师配合协调，合理加固。

第二节　福建省某砌体结构历史风貌建筑抗震加固实例

一、项目概况

该建筑为1875年建造的三层砌体结构，已有140多年历史，为市重点保护的历史风貌建筑。该建筑平面长24m，宽16m，建筑面积约900m^2。结构为纵横墙混合承重体系。承重墙材质为普通烧结砖，局部采用石材砌筑，外部走廊楼板及屋面采用现浇混凝土楼板，内部房间采用木楼盖，局部构件采用钢构件。该建筑使用年限超过普通建筑设计使用年限50年的限值，需进行结构鉴定。经过结构安全性鉴定和抗震鉴定，该房屋安全性等级为C_{su}级，显著影响整体承载，房屋所在地区抗震设防烈度为7度（0.15g），设计地震分组第三组，按照后续工作年限30年A类的要求进行抗震鉴定，抗震不满足要求，应立即进行结构加固处理。房屋主要问题为：部分混凝土构件承载力不满足要求，该房屋无构造柱、无圈梁、墙体局部尺寸不足、抗震承载力不满足要求。

二、加固技术方案

该历史风貌建筑使用年限超过普通建筑设计使用年限50年的限值，且临靠海边，由于地理位置和自然条件的原因，易使内部木结构和外墙红砖腐蚀老化，鉴定结果显示，该房屋的主要问题为：一些构件的承载力不足、房屋整体抗震承载力不足、个别附属非结构构件不满足抗震鉴定标准的要求等。

由于该建筑风格具有当时典型的时代特征，为当地市重点保护的历史风貌建筑，具有较高的历史保护价值，故本加固设计方案以保持原有建筑风貌为前提。原结构一层平面图如图3-3所示（其他层的基本变化不大），立面图如图3-4所示。

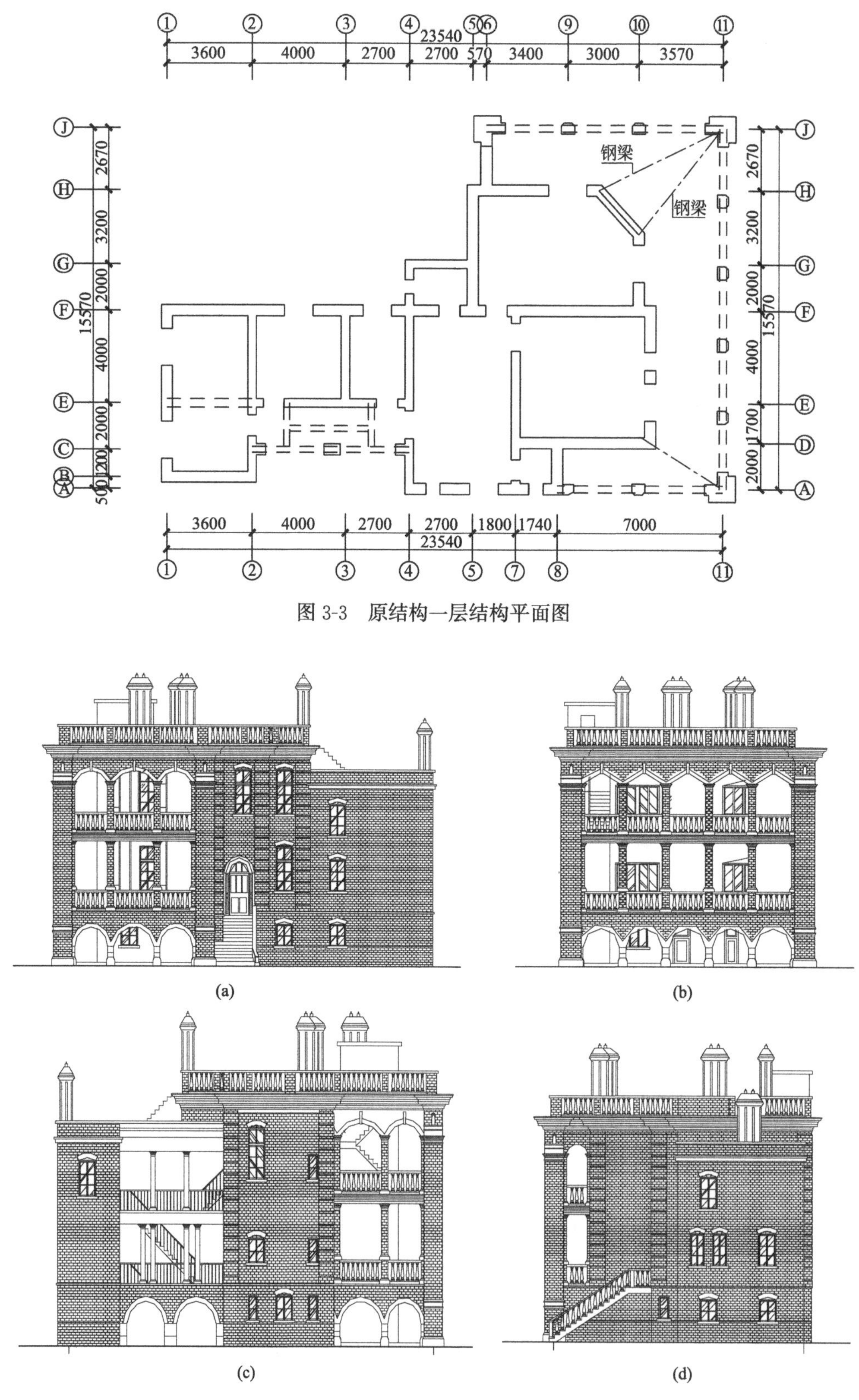

图 3-3 原结构一层结构平面图

图 3-4 立面图

经过多种加固方案比较，放弃了板墙、钢筋网砂浆面层等加固法，主要采用高强不锈钢绞线网-聚合物砂浆面层进行墙体内加固，该加固法一是承载力提高贡献较多，二是由于面层厚度较薄，对原有建筑面积的影响很小，三是采用该加固法可只进行房屋内部加固。该加固法和加固位置既满足抗震安全，又不改变建筑风貌。对部分墙体以及承载力不足的楼板、屋面板、梯梁梯板采用高强不锈钢绞线网-聚合物砂浆面层加固；对承载力不足的梁采用增大截面法加固，个别锈蚀严重的钢梁拆除置换为钢筋混凝土梁；为了避免地震时倒塌伤人，对屋顶附属烟囱采用钢构套加固的方法增强其整体性以及与主体结构的连接。一层结构加固平面图如图 3-5 所示。屋面现状实景以及加固示意图如图 3-6 所示。

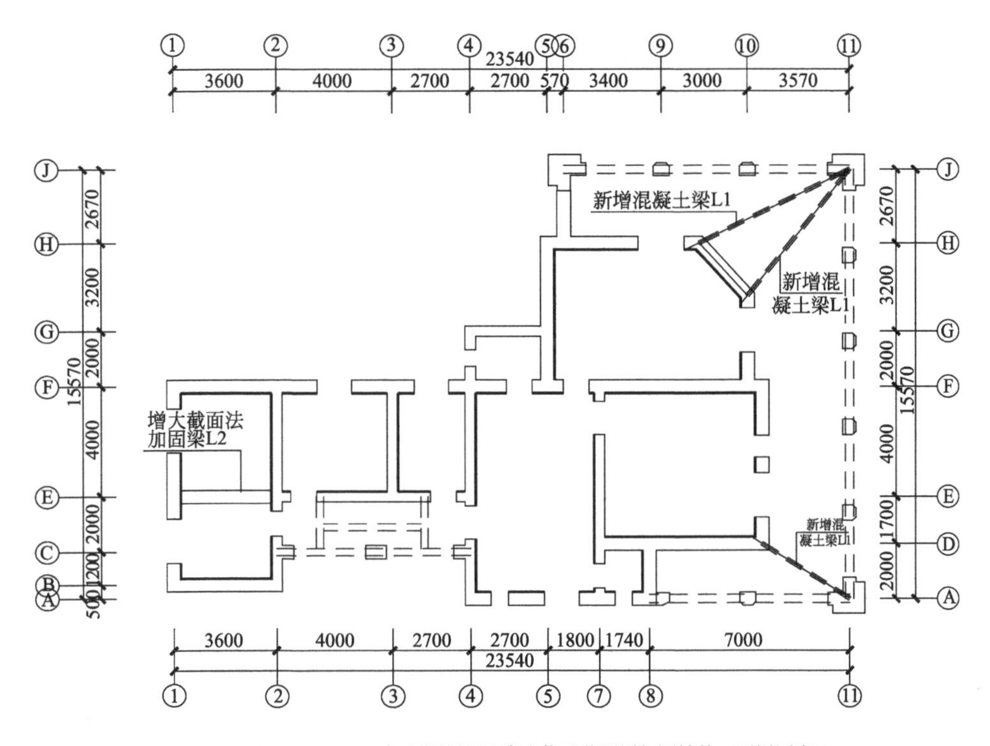

图 3-5 一层结构加固平面图

施工工序：原有结构面清理→放线定位→钻孔并用水冲刷→钢绞线网片锚固、绷紧、调整和固定→浇水湿润→进行界面处理→抹聚合物砂浆并养护。钢筋混凝土梁进行增大截面法加固时，为保证新旧混凝土的可靠粘接，必须认真做好原混凝土面的清理。钢构套加固时，为保证加固部分与原结构可靠连接，须铲除原结构的粉刷，贴面的装饰等，用水和钢丝刷将墙面清理干净。

工程的重点难点在于加固需兼顾结构安全和原有建筑风貌的保持，故采用合适的加固方案是本工程的关键。

结构加固造价约 1280 元/m^2。

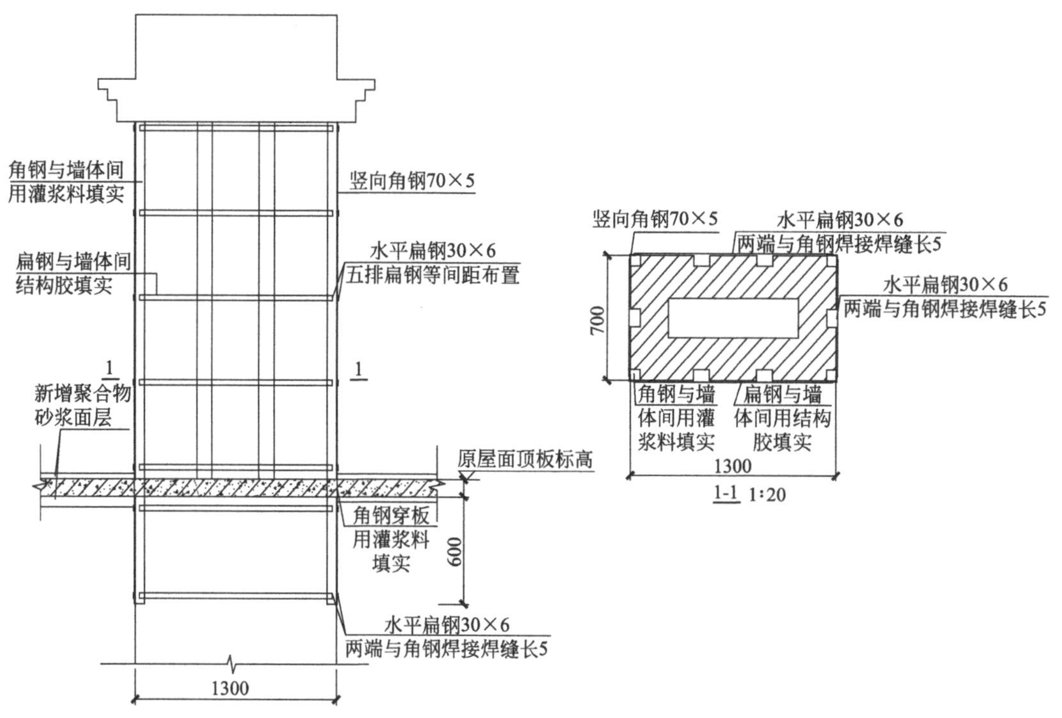

图 3-6 屋面现状实景以及加固示意图

三、项目实施流程及效果

(一) 实施流程

1. 确定实施主体

项目的实施主体是产权单位，并符合市住房和城乡建设局、市规划局、市文物局、市城管委、当地文化遗产保护委员会等部门的相关要求，既能保证房屋安全，又能符合当地的历史风貌建筑保护的相关要求。

2. 项目前期工作

由于该建筑建造年代久远，无任何相关设计资料和图件，因此需要现场对建筑的平面布置、结构的平面布置及主要混凝土构件配筋形式进行测绘，改造前进行结构鉴定，了解其静力承载能力与抗震性能，以便为后续加固改造提供依据。技术人员对该建筑进行详细踏勘和现场抽样检测，在了解结构现状、材料强度、钢筋配置等基础上进行结构检测鉴定。随即进行了项目可行性研究，对项目的必要性可行性及相关条件逐一分析，并在全面调查深入研究的基础上编制项目建设规模、改造内容、投资估算等，出具可行性研究报告。

3. 结构加固设计

由于该建筑为历史保护建筑，加固方案须得到文物部门的认可。结构加固设计时，根据鉴定报告的相关检测数据，对现有房屋的结构整体及局部构件进行承载力核算，并结合鉴定报告的鉴定结论，对承载力核算不满足要求的结构构件，以及鉴定报告中不满足承载力要求的结构构件进行相应的加固。

4. 项目施工

加固施工时，施工单位需对加固的范围以外的建筑装饰采取相应的保护措施。

（二）工程实施效果

该房屋采用高强不锈钢绞线-聚合物砂浆面层在内部进行加固，加固后还进行了装修改造，机电设备更新、消防改造等，房屋经过改造后，结构满足静力安全与抗震安全，各项综合功能得到提升，使得这座 140 多年的历史建筑重新焕发生机。加固前后外立面如图 3-7、图 3-8 所示。

图 3-7　加固前外立面

图 3-8　加固后外立面

四、项目保障措施

（一）资金保障

政府设立历史风貌建筑保护专项资金，其来源于财政拨款，风景区管理机构利用历史风貌建筑所得的收益，公民、法人和其他社会组织的捐赠，以及其他依法可以筹集的资金。历史风貌建筑保护专项资金，由风景区管理机构设立专门账户管理，专款专用，并接受市财政、审计部门的监督。

（二）政策保障

以市住房和城乡建设局、统战部等单位牵头，当地文化遗产保护委员会等相关单位配合，进行历史建筑修缮工作。

五、总结

（一）主要经验

（1）健全的组织机构。建立专门的工作小组，完善的工作机制，保证项目的推进与实施。

（2）由政府承担主要抗震加固改造资金，并且采用与社会资本合作的模式，创新历史建筑保护开发招商引资机制，保障改造资金足额到位。

（3）成立技术工作组，聘请对历史建筑保护利用熟悉的专家，参与历史建筑领域的研究和实践指导，提供咨询及技术支撑。

（4）完善部门联动机制，出台相关配套政策，形成政府主导、部门协同、公众参与的历史建筑保护利用机制和共享共管共建的良好格局。

（5）运用适宜的抗震加固技术，在加固过程中尽可能地减少对原建筑的破坏，保留历史建筑原有的建筑风貌。

（6）建立历史保护类建筑保护管理平台系统，依托该管理平台，实现历史建筑档案的数字化、地理信息系统化。

（7）总结提炼在历史建筑保护利用方面的经验成果，拍摄历史建筑保护利用纪录片，对传统工艺及试点工程作详细的记录、经验总结。

（二）加固难点

（1）协调问题：在文物建筑及历史风貌建筑的加固修缮过程中，施工图除了满足技术要求外，还需文物部门审核通过，有时会存在安全与文物保护及文物保护与消防之间的矛盾，这时需要业主、设计院、文物部门共同协商，制定出满足各方要求的加固方案。

（2）技术问题：历史保护建筑的加固手段和加固方案既要保证安全，又要保持风貌，两者兼顾，需要设计单位具备相应的能力。

第三节　福建省某砌体结构风貌保护建筑加固改造实例

一、项目概况

该建筑为20世纪50年代建造的三层砖砌体结构，清水砖墙外立面，中国传统木结构大屋面，富有时代特色。房屋采用墙下毛石条形基础，上部结构采用黏土实心砖墙与局部砖柱混合承重的结构体系，各层的走廊、楼梯间采用预制钢筋混凝土结构，卫生间后期改造为现浇钢筋混凝土楼板，其余均采用木楼盖。屋盖系统为三角形木屋架，密铺木望板，瓦片屋面。房屋檐口高度约 12.7m，屋脊高度约 16.7m，总建筑面积约为 1600m^2，建成后作为公共办公建筑使用至今，房屋南面及北面局部外貌如图 3-9、图 3-10 所示，经现场测绘的二层结构平面布置图如图 3-11 所示，中榀木屋架示意图如图 3-12 所示。

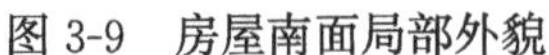

图 3-9 房屋南面局部外貌

图 3-10 房屋北面局部外貌

经过结构安全性鉴定和抗震鉴定，该房屋安全性等级为 D_{su} 级，严重影响整体承载，房屋所在地区抗震设防烈度为 7 度（0.1g），设计地震分组第三组，按照后续工作年限 30 年 A 类的要求进行抗震鉴定，综合抗震能力不满足抗震鉴定标准的要求，必须立即进行加固处理。

二、加固技术方案

该建筑建于 20 世纪 50 年代，2015 年底加固及综合改造时已使用 60 余年，房屋年久失修，根据鉴定结论，工程结构安全性不符合鉴定标准的要求，严重影响整体承载，综合抗震能力不满足抗震鉴定标准的要求，必须立即采取措施。

砌体结构抗震加固可分为墙体构件承载力不足的加固和整体牢固性加固两大类。墙体静力承载力不足可采用卸荷法、增设钢筋混凝土面层、增设钢筋网水泥砂浆面层形成组合砌体加固法、增设扶壁柱加固法等。墙体抗震构件承载力不足的加固可采用增设钢筋混凝土面层加固法、增设钢筋网水泥砂浆面层加固法、钢绞线网-聚合物面层加固法等；整体牢固性加固包括增设体外圈梁（新增圈梁可为钢圈梁、钢筋混凝土圈梁或在墙体加固新增面层内设置钢筋网加强带）、体外构造柱等。增设钢筋混凝土面层或钢筋网水泥砂浆面层加固法技术成熟，应用广泛，施工质量有保证，可同时大幅提高墙体的抗压及抗剪承载力。钢筋混凝土板墙加固法的承载力提高幅度大于钢筋网水泥砂浆面层加固法，但相应工程造价高于后者，本工程项目经综合对比分析，采取了如下加固措施：

对 1～3 层外墙采用单面钢筋混凝土板墙加固，内墙采用双面钢筋网水泥砂浆面层加固，1～3 层墙体加固平面布置图如图 3-13 所示，各层原承重墙体木楼板底面标高处新增钢筋混凝土圈梁。

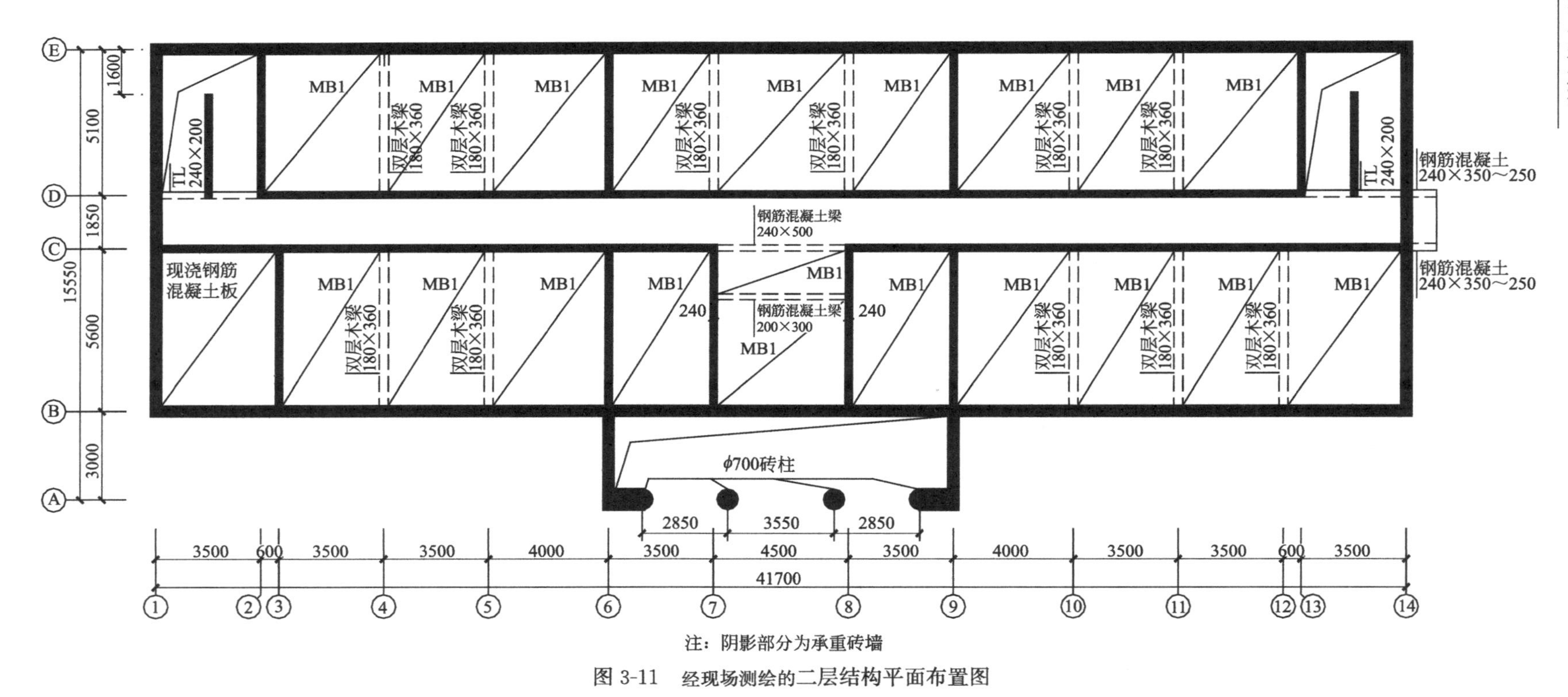

注：阴影部分为承重砖墙

图 3-11 经现场测绘的二层结构平面布置图

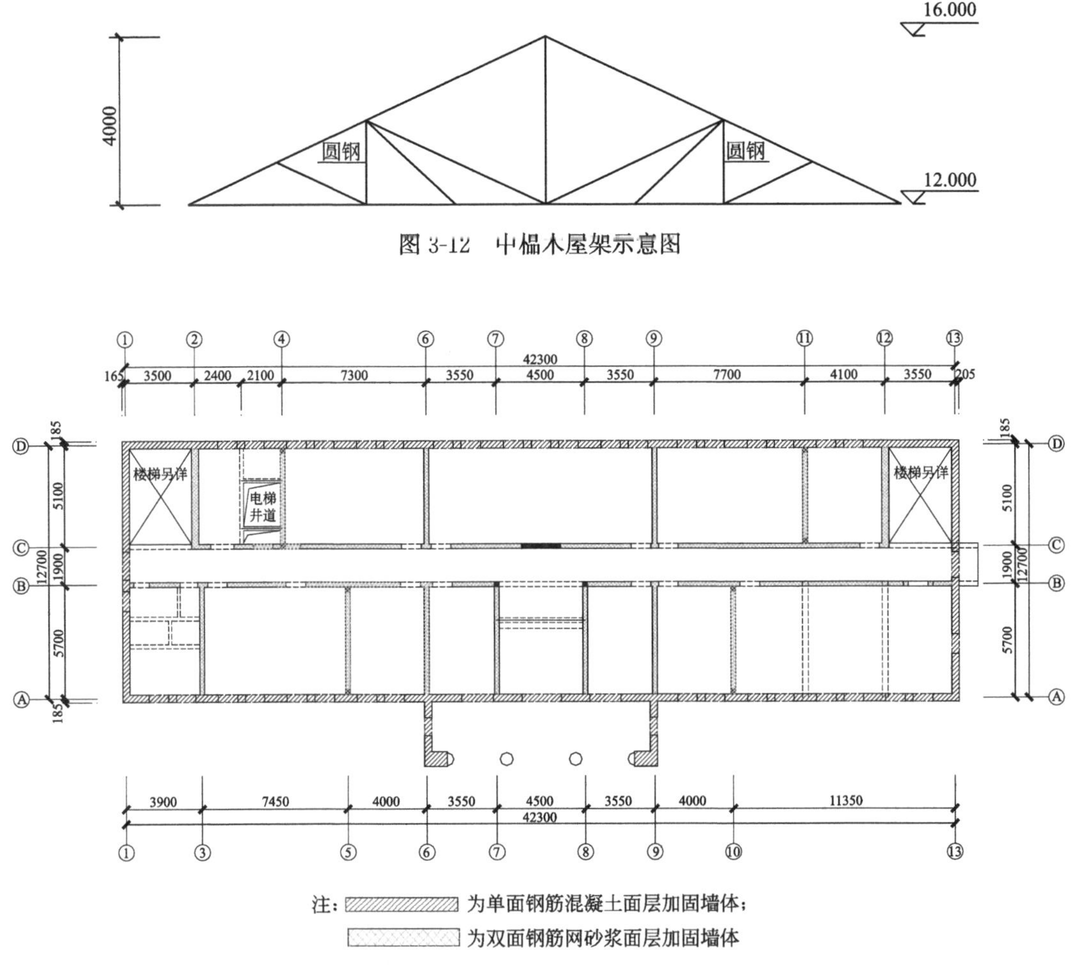

图 3-13　1～3 层墙体加固平面布置图

钢筋混凝土梁构件的加固常用的有扩大截面加固法、表面粘贴钢板加固法、外包角钢加固法、表面粘贴碳纤维复合材加固法等，其中扩大截面加固法可大幅提高梁的抗弯、抗剪承载力，并显著提高梁构件的线刚度。由于该项目中原钢筋混凝土梁构件配筋数量少，钢筋材质较差，且建筑楼层较高，梁截面加高对使用净空无影响，因此对梁加固采用扩大截面加固法进行加固，梁底扩大截面详图如图 3-14 所示。

该建筑具有独特的时代风貌，属于风貌保护建筑，由于建造年代久远，外立面清水砖墙面有微弱风化现象，因此对本建筑所有外墙面均进行修复、清理，并采用透明无色的氟碳漆涂刷保护清水砖墙外表面。

项目重点和难点在于风貌保护建筑需保护立面原有风貌，且不得改变原结构形式、结构体系及平面布局，所以在加固时需保留原木结构楼屋面。

项目的结构加固专项造价约为 1200 元/m^2，综合单价造价涉及结构加固、装修、设备、室外工程、地下消防水池等，约为 3000 元/m^2。

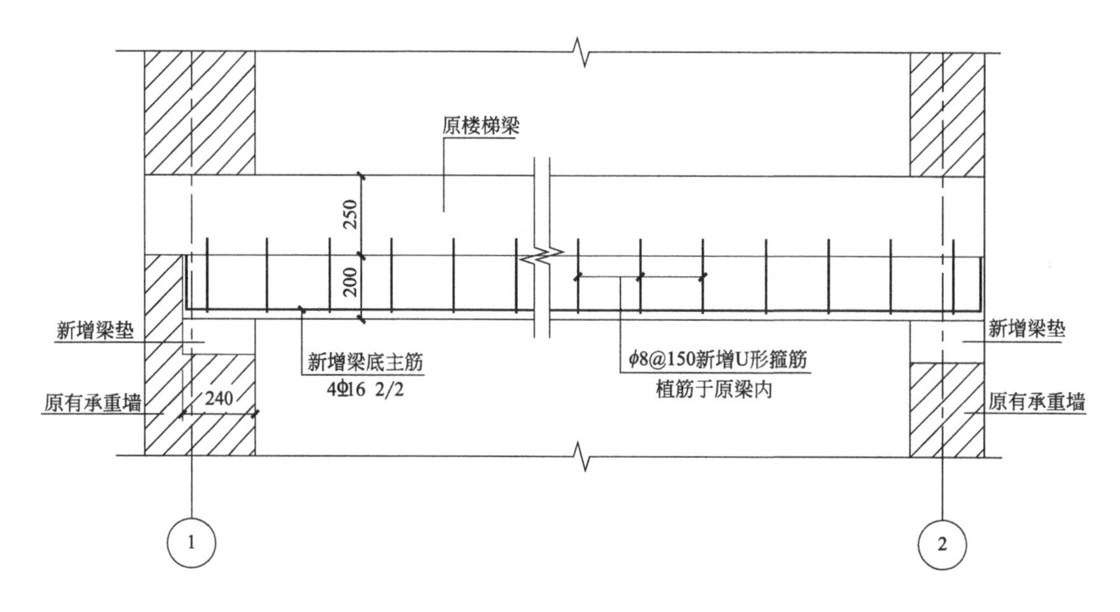

图 3-14　梁底扩大截面详图

三、项目实施流程及效果

（一）实施流程

1. 确定实施主体

该楼建成年代较为久远，且长期外租使用，现已收回，委托检测鉴定单位对该楼进行了结构鉴定。委托咨询公司进行项目可行性报告编制并报送项目所在地主管部门进行审批，待项目获批后随即委托该楼所在地区政府下属环境综合整治指挥部作为代建单位对项目实施全过程管理。

2. 项目前期工作

由于该楼建成年代较为久远，因此存在多次装修改造现象，且外立面因空调外机、电线等设备随意安装而破坏较为严重，无任何原始建筑图纸等相关资料，依据相关要求，先委托检测单位对该楼进行了结构检测鉴定，鉴定报告表明该楼结构安全性严重不符合鉴定标准的要求，严重影响整体承载，必须立即采取措施，综合抗震能力不满足抗震鉴定要求，应及时采取措施进行处理。

3. 加固与改造设计

代建单位直接委托同时具有岩土工程资质及建筑工程设计资质的单位承担加固、改造、内装修、景观等设计任务。

1）对该楼进行地质勘察，并出具地质勘察报告。

2）依据鉴定报告和地质勘察报告进行结构加固设计。

上述设计文件均通过建筑工程施工图审查机构进行审查并出具审查合格报告。

3）根据建设单位要求对该楼进行内部装修设计、消防设计、夜景照明设计、场地景观设计等，上述设计图纸需经过相关专业的主管部门审核确认。

4. 项目施工

由于项目地处市中心，毗邻学校，施工现场条件及涉及的施工工艺较为复杂，而且要求的工期紧，施工任务重，为确保该项目保质保量完成，经省级住房和城乡建设主管部门研究决定直接委托实力较强的国有大型施工企业实施。

（二）工程实施效果

首先进行建筑物结构加固施工，其次进行室内装修及外立面改造施工，最后进行室外场地等配套景观、消防等施工。

修缮前后南立面实景图如图 3-15～图 3-30 所示。

图 3-15　修缮前南立面实景图 1

图 3-16　修缮后南立面实景图 1

图 3-17　修缮前南立面实景图 2

图 3-18　修缮后南立面实景图 2

图 3-19 修缮前南侧夜景图

图 3-20 修缮后南侧夜景图

图 3-21 修缮前北侧实景图

图 3-22 修缮后北侧实景图

图 3-23 修缮前西侧实景图

图 3-24 修缮后西侧实景图

图 3-25　修缮前北侧夜景图

图 3-26　修缮后北侧墙面彩绘图

图 3-27　修缮后北侧地面透水混凝土路面

图 3-28　修缮后鸟瞰实景图 1

四、项目保障措施

（一）资金保障

该项目由所在地建设审批部门批复实施，项目资金全部由项目所在地的市级财政进行统筹投资，并根据工期，按阶段定时进行资金拨付，有效保证了工程项目的顺利进行。

（二）政策保障

由项目所在政府主管部门组织相关部门协助对加固项目进行联合报批报建，有效缩短了审批流程。

图 3-29　修缮前鸟瞰实景图

图 3-30　修缮后鸟瞰实景图 2

五、总结

（一）主要经验

（1）加固改造提升项目实施前应进行充分论证，方案筛选，投资横向比对，合理确定项目内容和资金需求，达到安全、经济、适用的目的。

（2）优先选择技术力量强、经济实力好的工程建设参与单位，坚持工程建设高标准，严要求，完善监督程序，在规定工期内保质保量地完成该楼加固改造施工。

（3）由政府承担抗震加固的资金，并由政府对投资全过程监管，保证做到资金使用有依有据。

（二）加固难点

该项目主要问题是由于在市中心，建筑材料进场施工、建筑垃圾外运等施工期间作业对周边居民生活的影响较大。

第四节　福建省某砌体结构历史建筑修缮加固实例（顶升纠偏）

一、项目概况

该办公楼为20世纪50年代建造的砖砌体结构，地上4层（局部5层），是近代常见的清水红砖建筑与苏联新古典主义建筑风格融合的产物，被列入市历史建筑名录。现场测绘现状建筑，墙下基础采用钢筋混凝土条形基础；上部结构竖向承重构件采用黏土实心砖墙及局部钢筋混凝土柱混合承重，承重墙体墙厚分别为490mm、370mm、240mm（局部带砖壁柱），大厅钢筋混凝土圆柱直径1～3层为400mm，4～5层为350mm；除屋盖、楼层走廊、楼梯间、卫生间及局部开间采用现浇钢筋混凝土板外，各楼层其余区域楼面均采用木楼盖；除局部五层屋盖外墙设置圈梁外，其余楼层标高处内外墙均未设置圈梁，全楼未设置构造柱；首层层高为4.0m，2～4层层高均为3.6m，局部五层层高为4.2m，房屋高度为15.0m，建筑面积约5250m^2。建筑外貌全景如图3-31所示。

图3-31　建筑外貌全景

经过结构安全性鉴定和抗震鉴定，该建筑整体向北倾斜，且大多数测点的侧向位移超过现行标准《民用建筑可靠性鉴定标准》GB 50292规定的不适于继续承载的侧向位移限值；经过复核验算、分析，在未计入房屋整体倾斜不利影响的情况下，上部结构构件在静力作用下各层均存在部分墙体及钢筋混凝土梁承载能力不满足规范的要求，结构整体性方面尚存在圈梁设置、填充隔墙与主体结构的连接等不满足规范的要求。鉴定结论显示，该房屋安全性等级为D_{su}级，严重影响整体承载，房屋所在地区抗震设防烈度为7度（0.1g），设计地震分组第三组，按照后续工作年限30年A类的要求进行抗震鉴定，结构体系、整体性连接构造、局部易倒塌部件及其连接均不满足鉴定标准的要求，结构综合抗震能力不满足抗震鉴定的要求，必须立即进行加固处理。

二、加固技术方案

（一）建筑纠倾加固

房屋整体向道路一侧倾斜，且大多数测点的侧向位移超过现行标准《民用建筑可靠性鉴定标准》GB 50292 规定的不适于继续承载的侧向位移限值，平均倾斜率达 1.4%，故首先需对该建筑做纠倾加固处理。三层结构平面图如图 3-32 所示。

建筑物的纠倾加固可采用迫降纠倾或整体顶升纠倾。该建筑上部结构为砌体结构，楼面大部分为木楼盖，整体性相对较差，采用迫降纠倾可能造成墙体的应力重分布和墙体的裂损，故最终选定整体顶升纠倾加固法，具体做法如下：

(1) 采用整体顶升法对该建筑进行纠倾，托换梁设置于原窗台标高处，纠倾采用 PLC 多点同步顶升液压控制系统进行控制，实现建筑物的精确刚体转动纠倾，减小顶升过程中承重墙体内可能的附加应力。千斤顶布置示意图如图 3-33 所示。

(2) 建筑物场地存在较厚淤泥层，原条形基础为浅基础，易产生不均匀沉降，故采用增设锚杆静压桩加固法进行防复倾加固。

（二）结构加固

砌体结构加固可分为墙体构件承载力不足的加固和整体性加固。墙体构件承载力不足的加固可采用增设钢筋混凝土面层、增设钢筋网水泥砂浆面层、外包钢等；整体牢固性加固包括增设体外圈梁、体外构造柱等。

抗震鉴定表明本工程整体性连接构造、局部易倒塌部件等多项构造不满足鉴定标准的要求，墙体构件抗震、抗剪承载力不满足计算要求，综合抗震能力不满足抗震鉴定要求。根据鉴定结论，对该建筑采取如下抗震加固措施：

对 1～5 层部分墙体增设钢筋混凝土面层或钢筋网水泥砂浆面层加固：承重墙体增设面层加固方法技术成熟，应用广泛，施工质量有保证。首先，可大幅提高墙体的抗压、抗剪承载力，其次，结合外加面层加固，在纵横墙交接处及各层楼面板底标高处设置增强配筋带，形成构造柱-圈梁约束体系，可改善体系及构造不利影响，从而显著提高建筑的综合抗震能力，采用面层加固法还可对局部易倒塌窗间墙构件进行加固。综上所述，对部分墙体增设钢筋混凝土面层或钢筋网水泥砂浆面层加固可大幅提高构件承载力，同时可改善体系及构造的不利影响，从而显著提高建筑的综合抗震能力。由于该建筑物为历史保护建筑，且外墙面底层为水刷石墙面，其余各层为清水墙面，故外墙面的加固均采用单面钢筋混凝土面层在室内侧进行加固。1～4 层墙体加固平面布置图如图 3-34 所示、五层墙体加固平面布置图如图 3-35 所示。

混凝土梁加固方法有扩大截面加固法、粘贴钢板加固法、外包角钢加固法，粘贴碳布加固法和置换混凝土法。根据承载力验算结果对梁构件采用扩大截面加固法及粘贴钢板加固法进行加固，简支梁梁底粘贴钢板加固详图如图 3-36 所示。

（三）房屋修缮

对建筑所有外墙面进行清理、修缮。该建筑为历史保护建筑，须保持原建筑风貌。由于建筑建造年代较早，外墙表面风化残损现象严重，虽暂时不影响结构安全性，但应采取措施提高墙体耐久性，避免残损继续发展。该工程在墙面清理修复完成后采用耐腐蚀性较好的透明氟碳漆涂刷保护。

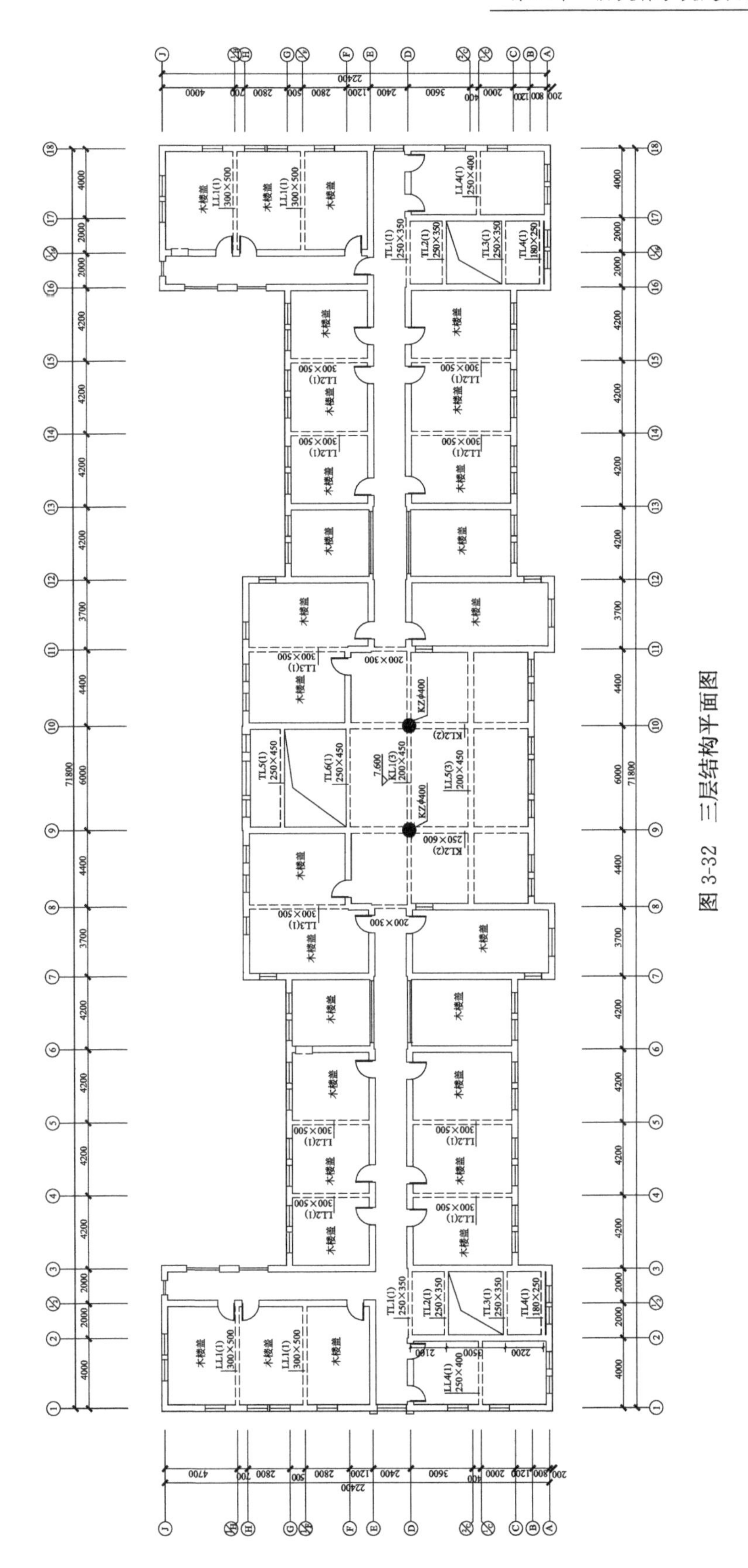

图 3-32　三层结构平面图

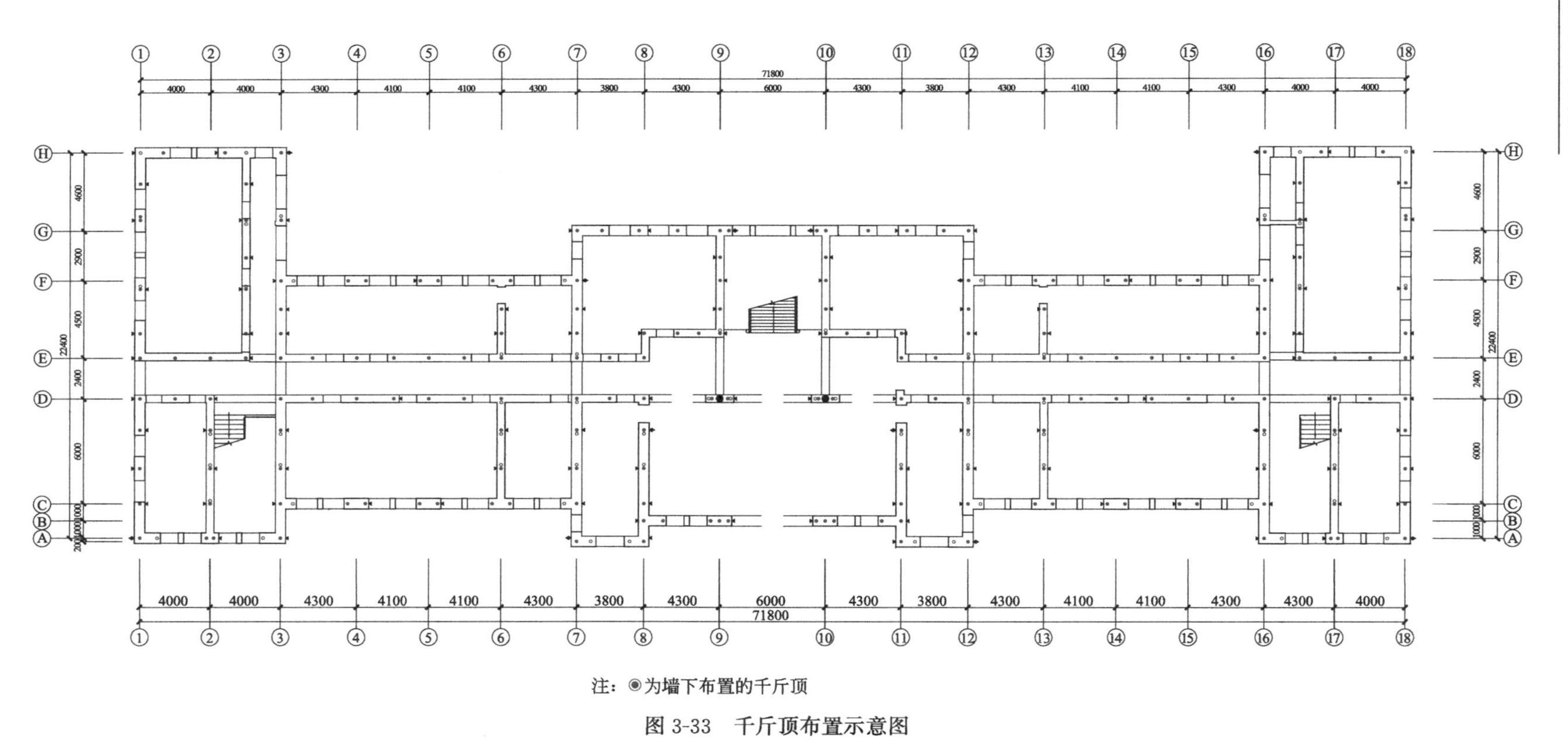

注：◉为墙下布置的千斤顶

图 3-33　千斤顶布置示意图

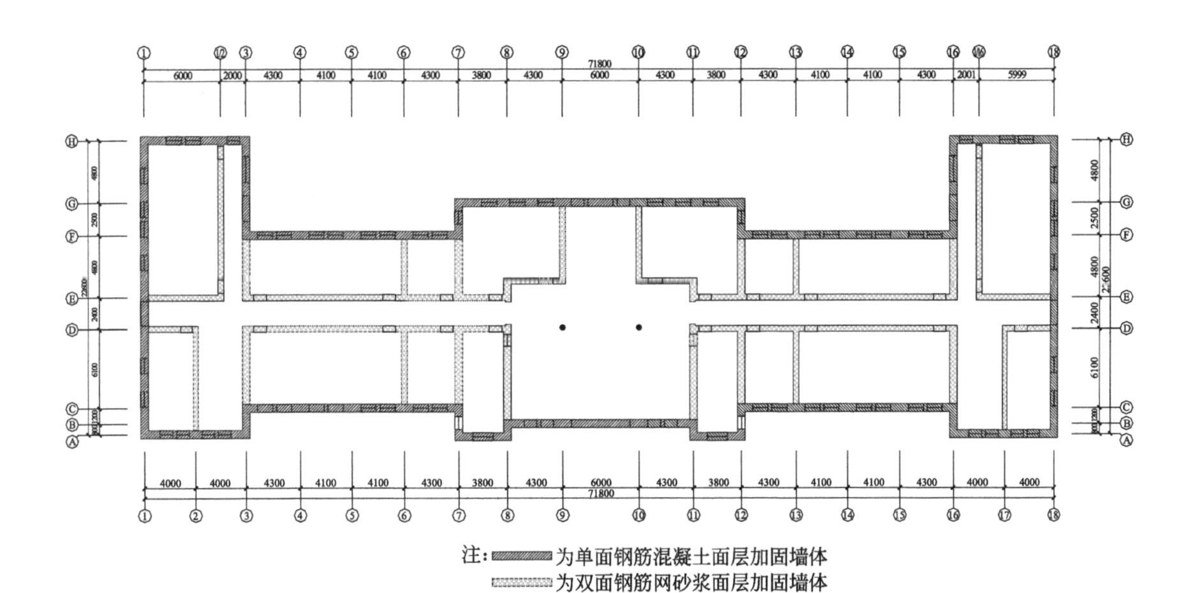

注：▬ 为单面钢筋混凝土面层加固墙体
　　▬ 为双面钢筋网砂浆面层加固墙体

图 3-34　1～4 层墙体加固平面布置图

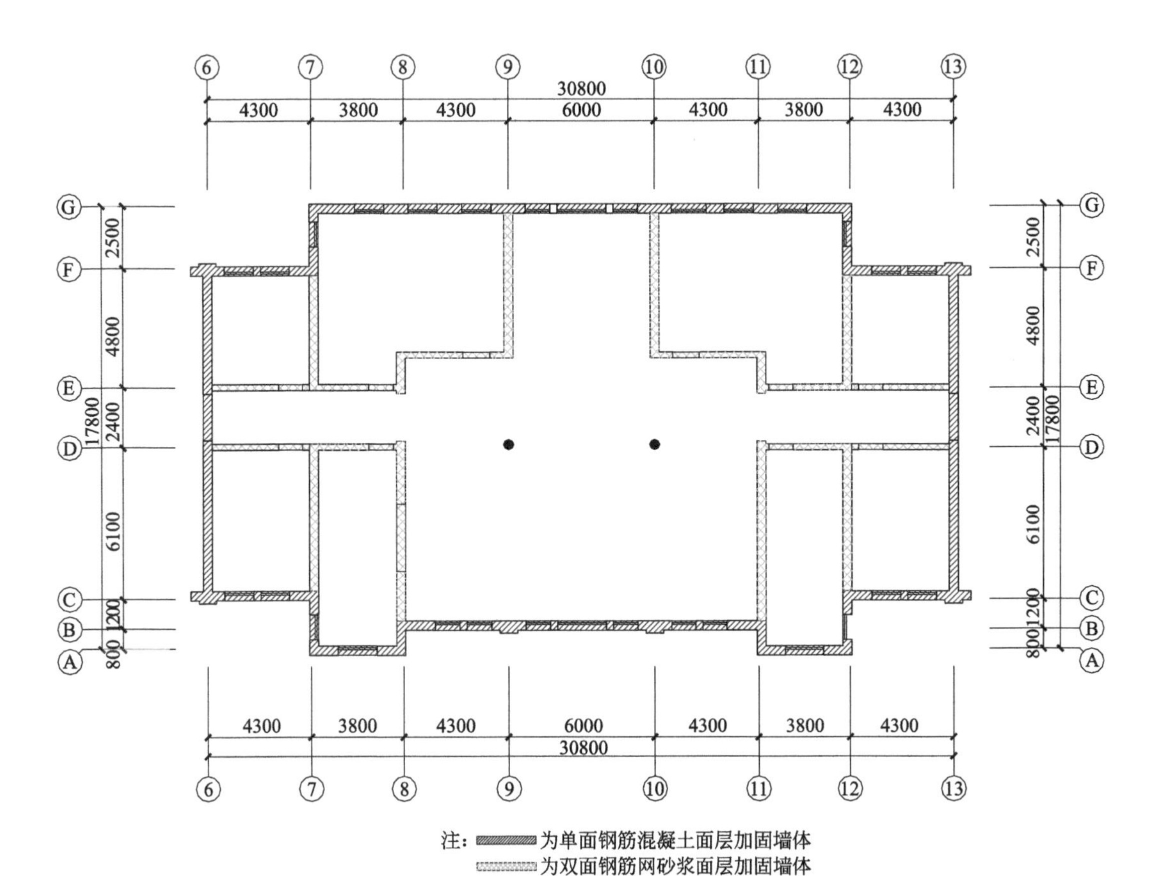

注：▬ 为单面钢筋混凝土面层加固墙体
　　▬ 为双面钢筋网砂浆面层加固墙体

图 3-35　五层墙体加固平面布置图

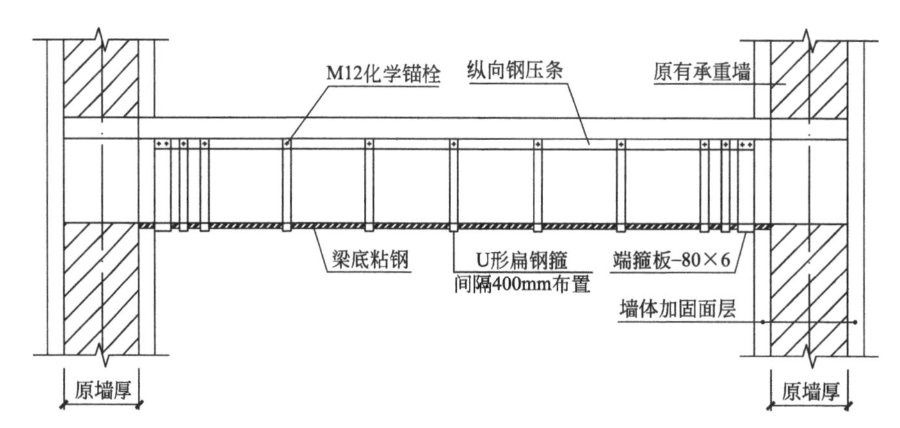

图 3-36　简支梁梁底粘贴钢板加固详图

项目重点和难点主要有：(1) 建筑物的整体倾斜值较大，已构成危险房屋，因此建筑物的抗震加固需进行建筑物的整体纠倾；(2) 该建筑为历史保护建筑，需在保护立面风貌、保持原平面格局、结构形式的前提下，确保整体结构的安全性、抗震性能，使其满足现代办公建筑使用功能的要求。

该项目的结构加固（含基础加固、顶升纠倾及上部结构加固）专项造价约为 2100 元/m^2。

三、项目实施流程及效果

（一）工程实施流程

(1) 确定实施主体

该项目的产权单位为实施主体，产权单位拟进行重新装修并作为办公使用，委托监测单位对该楼进行结构检测鉴定后，委托咨询公司进行项目可行性报告编制并报送项目所在地主管部门进行审批，待项目获批后随即委托该楼所在地区政府下属环境综合整治指挥部作为代建单位对项目实施全过程管理。

(2) 项目前期工作

由于无任何原始建筑图纸等竣工资料，先对其进行结构图纸测绘，在此基础上进行结构检测鉴定，鉴定结论为该楼结构安全性等级为 D_{su} 级，综合抗震能力不满足抗震要求，必须立即对房屋采取加固措施。

(3) 加固与改造设计

代建单位直接委托同时具有岩土工程资质及建筑工程设计资质的单位对该楼进行钻探，并出具该楼地质勘察报告（详细勘察），设计单位进行结构加固设计，出具结构加固设计图纸与建筑修缮文本；上述设计文件均通过建筑工程施工图审查机构进行审查并出具审查合格报告和建筑修缮文本，且经过文物主管部门组织的专家审查合格。

(4) 项目施工

该项目为保护性建筑，且涉及顶升纠倾等诸多重难点，为确保该项目顺利进行，由省级住房和城乡建设主管部门发文直接委托国有大型施工企业直接施工。

（二）工程实施效果

施工时首先进行建筑物整体顶升纠倾施工，然后进行建筑物加固修缮施工，加固效果显著。

1）结构施工过程如图 3-37～图 3-40 所示。

图 3-37　建筑物顶升施工 1

图 3-38　建筑物顶升施工 2

图 3-39　建筑物顶升数字控泵

图 3-40　新增锚杆桩施工

2）建筑物修缮前实景如图 3-41 所示，建筑物修缮后效果图如图 3-42 所示。

图 3-41　建筑物修缮前实景

图 3-42　建筑物修缮后效果图

四、项目保障措施

（一）资金保障

项目资金全部由项目所在地的市级财政进行统筹投资，并根据工期按阶段定时进行资金拨付，有效保证了工程项目的顺利进行。

（二）政策保障

项目所在政府组织相关部门协助对加固项目进行联合报批报建，有效缩短了审批流程。

五、总结

（一）主要经验

（1）项目前期由具有相应咨询资质的公司对项目进行可行性研究报告编制，合理确定项目内容和资金需求。

（2）优选工程建设参与单位，坚持工程建设高标准，加大监管力度，保证项目实施质量。

（3）由政府承担抗震加固的资金，并由政府负责对投资全过程监管，保证做到资金使用有依有据。

（二）加固难点

（1）建筑物的整体倾斜值较大，已构成危险房屋。因此建筑物的抗震加固需进行建筑物的整体纠倾。

（2）该建筑为历史保护建筑，需在保护立面风貌、保持原平面格局、结构形式的前提下，确保整体结构的安全性、抗震性能，使其满足现代办公建筑使用功能的要求。

（3）由于该项目在市中心，建筑材料进场施工、建筑垃圾外运等作业对周边居民生活的影响较大。

第五节 云南省某砌体结构老楼抗震加固及综合整治实例

一、项目概况

该建筑为20世纪30年代建造的近代两层砌体结构房屋。楼长36.177m，宽22.77m，占地约550m^2，首层层高4.2m，二层层高3.4m，楼面均为木楼面，屋面采用坡屋顶。上部结构采用纵横墙承重体系，底层承重墙体厚度，外墙370mm，内墙240mm，二层承重墙体厚度为240mm，墙体材料为黏土实心砖，以黏土石灰砂浆砌筑。屋面构造为三角形木屋架，望板上铺瓦。

由于建造年代久远，该楼无任何设计图纸及技术资料，在1983年进行过修缮，也无使用和改造的文字资料。经过结构安全性鉴定和抗震鉴定，该房屋安全性等级为D_{su}级（整体危险），严重影响整体承载，房屋所在地区抗震设防烈度为8度（0.2g），设计地震分组第三组，按照后续工作年限30年A类的要求进行抗震鉴定，抗震承载力严重不足，必须立即进行加固等处理。

二、加固技术方案

根据相关部门的要求，对保护性文物建筑维修要“修旧如旧”，不得随意“大拆大换”，更不允许“落架大修”，不得增加建筑体量、高度及面积，不得改变原有的建筑风格。

项目房屋年久失修，在靠近水边的露台、楼板地板、墙、独立柱及毛石基础处出现明显因地基基础沉降而产生的裂缝，裂缝情况比较严重，其余各房间只在窗角处有斜裂缝。门厅处的木楼板磨损严重，其他地方由于1983年的修缮，现在保留基本完好。屋面望板在靠近檐口部分腐蚀严重，瓦破损严重，屋面有局部漏水。

维修加固的目标：在满足对保护性文物建筑风貌要求的基础上，适当改善和提高原有建筑的抗震安全性。原结构拆除示意图如图3-43所示，二层结构加固平面图如图3-44所示。

适用于抗震设防烈度为8度地区一、二层砖砌体承重木楼盖、木屋盖房屋的加固改造技术有如下几种：1）地基基础加固法：地基换填加固法、基础补强注浆加固法、锚杆静压桩加固法、树根桩加固法、交叉梁筏板基础或增设天然基础；2）上部结构加固方法：柱外包钢加固法、洞口四周增设现浇钢筋混凝土边框加固法、钢拉杆加固法、外加柱加固法、包钢、粘贴钢板、角铁及型钢加固梁法、墙体砂浆面层加固法、钢筋网砂浆面层加固法、加强整体连接、增设托梁或扶壁柱法、增设圈梁法、木结构更换及补充防虫处理等。

本项目场地临近水边，地下水位高，涌水量大，基础埋深较大可能存在基坑塌陷，且原有保护性建筑基础形式、埋深情况目前不明，因此，若要新增基础则应尽量浅埋。若采用地基换填加固法，造价较高；若采用锚杆静压桩加固及树根桩加固法，对原有结构破坏较大，最终采用基础补强注浆加固法。基础加固前应对地基进行处理，项目临近水边，季节性浸泡导致地基松软，地基沉降是基础开裂的主要原因。因此采用地基注浆的方式增加其密实度，注浆孔间距为30cm，待地基强度满足要求后，进行上部毛石基础的注浆加固。

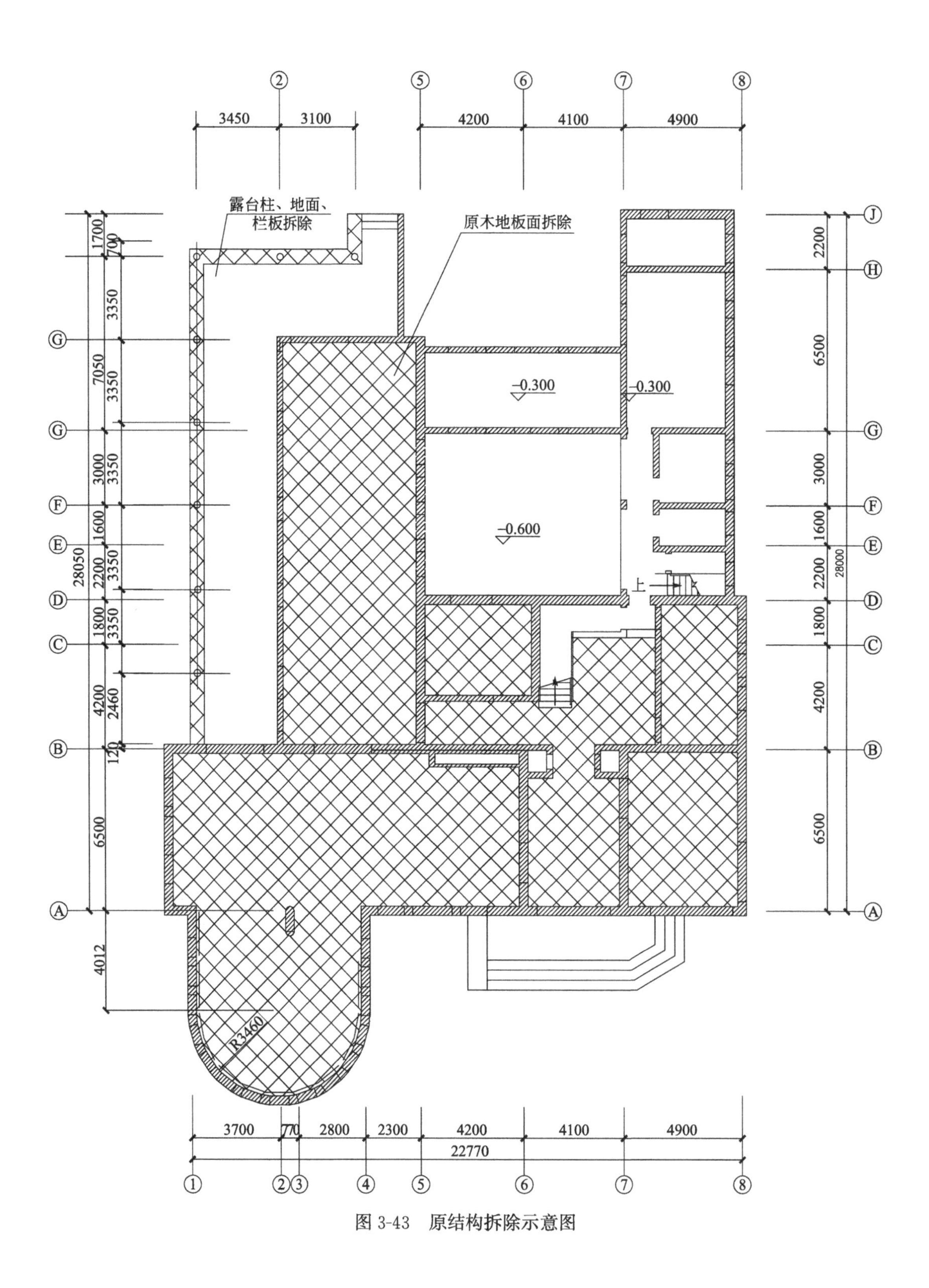

图 3-43　原结构拆除示意图

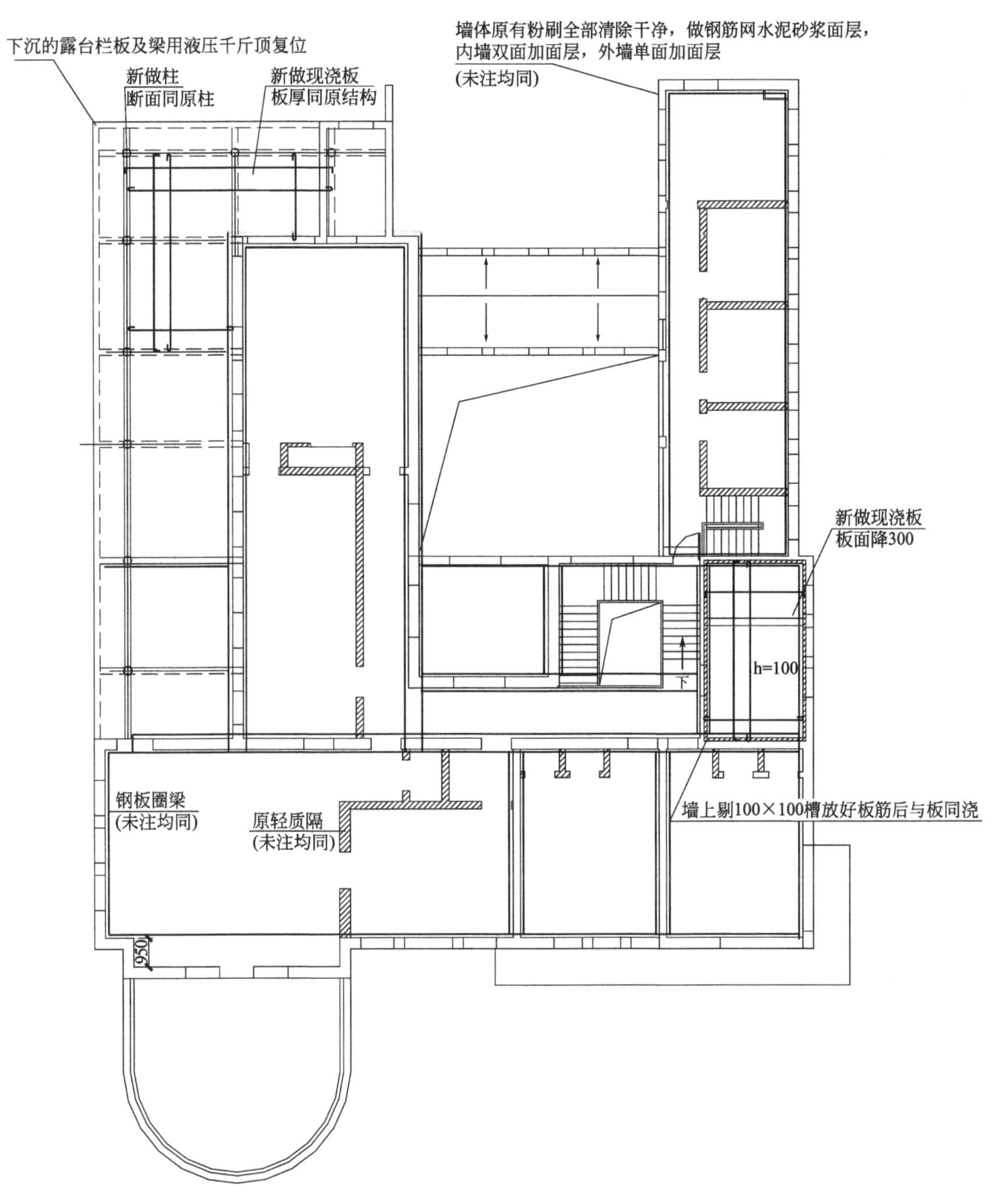

图 3-44 二层结构加固平面图

对有裂缝的基础，必须先清理后灌浆加固，浆液用水泥浆，水灰比为 0.5，注浆压力为 0.6MPa。如裂缝较大时，确定开裂段后拆除重新砌筑。

上部结构如采用钢拉杆加固法、外加柱加固法、外加抗震构件法进行加固，则对原有建筑造型改变较大，不符合“修旧如旧”的要求；墙体砂浆面层加固法对承载力提高有限，因此墙体加固采用钢筋网砂浆面层加固法或墙面包钢后加钢筋网砂浆面层。墙体原有

图 3-45　加固后建筑外观

粉刷全部清除干净，做钢筋网水泥砂浆面层，内墙采用双面加面层或包钢，外墙内侧采用单面加面层包钢，墙上裂缝采用压力灌浆修复后加钢丝网后粉刷水泥砂浆。木梁、木楼板、木搁栅，变形、腐蚀较小的清理干净后，刷结构胶，做补强防虫处理，变形、严重腐蚀的采用更换的处理方式。屋面挂瓦条和青瓦，按原样翻新重做。这样既满足承载力要求，又尽可能减少因加固导致的房屋使用面积缩小的情况，还控制了加固造价。加固后建筑外观如图 3-45 所示。

该工程中基础沉降处理及木结构防腐是施工的重点和难点，为此设计说明及设计交底时明确提出：为保证结构整体性及施工安全，应先将结构基础加固至稳定后，再进行其他修缮加固；全部拆除一层地板及木梁后发现原木梁大部分已被虫蛀，小部分腐朽已无法承重原结构。考虑到如改用钢梁加固，今后钢梁的防腐及大芯板基层的防腐防潮较难处理，会造成使用寿命的缩短，因此改为重做架空钢筋混凝土梁板，面层做防潮处理后铺设强化木地板。

项目结构加固造价（含拆除）约 2800 元/m^2。综合单价涉及结构加固、节能改造及室内简装、全部机电设备管线更新，以及室外地下管线更新等，约为 3600 元/m^2。

三、项目实施流程及效果

（一）实施流程

1. 确定实施主体

该项目的产权单位为实施主体，也是项目的建设单位，产权单位委托相应的项目管理公司负责该项目的实施，主要工作为组织房屋检测鉴定、项目申报、工程设计、招标采购、签订并履行合同、资金使用管理、居民维稳、沟通协调、竣工验收和竣工结算、决算等。

2. 项目前期工作

首先，排查及结构鉴定。该建筑建造于 20 世纪 30 年代初期，由于建造年代久远，房屋的技术资料没有保存下来，需先做现状图绘制，房屋的结构技术资料需由有资质的检测机构检测提供，以便今后合理、科学地对该房屋进行维护、修缮。安全性等级为 D_{su} 级（整体危险），抗震不满足要求，必须立即进行加固等处理。

其次，进行项目可行性研究，对项目的必要性可行性及相关条件逐一分析，并在全面调查深入研究的基础上编制项目建设规模、改造内容、投资估算等，出具可行性研究报告。报告经省政府机关事务管理局审核后项目获得批复。

3. 加固与改造设计

建设单位委托设计单位依据批复的可行性研究报告及检测报告的相关内容进行初步设计及其概算编制，其成果经过审核通过后获得批复，控制了项目建设标准及投资。在随后的施工图设计中，设计单位需严格按照初步设计批复的规模、标准和投资概算进行限额设计，确保施工图预算不突破初步设计概算，从源头上控制投资，同时，尽量压缩和减少暂估价和暂定项目。施工图须通过审查机构审查，并办理消防设计备案手续。

4. 项目施工

该项目在实施过程中，建设单位及其委托的管理公司，严格按照国家技术规范、标准、规程及省政府机关事务管理局提出的设计要求进行相应的工程招标及项目建设程序，在施工过程中充分利用并发挥好各参建单位的作用，配合质量监督部门及时做好工程的质量检查和验收记录。

绿色施工是实现建筑领域资源节约和节能减排的关键环节，也是本次改造所倡导的。工程建设中，在保证质量、安全等基本要求的前提下，通过科学管理和先进技术，最大限度地节约资源与减少对环境负面的影响，该项目采取封闭施工，杜绝尘土飞扬，没有噪声扰民，在工地四周栽花、种草，实施定时洒水等，实现节能、节地、节水、节材和环境保护。

（二）工程实施效果

该项目主要内容有：结构地基及基础加固，木梁、木楼板、木搁栅的更换或维护，砖墙开裂处理及加强，挂瓦条和青瓦屋面按原样翻新重做等。经加固改造，实现了在外立面基本保持不变的前提下提高了房屋的静力安全及抗震安全。

1）结构抗震加固施工过程如图 3-46～图 3-49 所示。

图 3-46　基础沉降

图 3-47　室内墙体开裂

图 3-48　砌体墙外增设钢筋网水泥砂浆面层

图 3-49　拆除原木楼板后现浇钢筋混凝土楼板

2）项目改造前后外立面如图 3-50～图 3-53 所示。

图 3-50　改造前外立面 1

图 3-51　改造后外立面 1

图 3-52　改造前外立面 2

图 3-53　改造后外立面 2

四、项目保障措施

（一）资金保障

该项目资金全部由政府承担，在项目前期进行了大量的细化工作，确保项目在每一步实施过程中资金运用合理。由于该项目涉及室内加固，施工期间楼内住户均需要搬离，对于需要楼内住户周转的情况，提供部分周转费用。

（二）政策保障

对于加固改造项目，各相关部门在符合工程建设法律法规前提下，简化综合改造工程审批手续、缩短了办理时间，这些举措是项目得以实施的有力保障。

五、总结

（一）主要经验

（1）有健全的项目组织机构，项目统筹协调和计划管理合理。

(2) 由政府承担抗震加固及综合整治的资金，项目申报前期深入调研，合理确定项目内容和资金需求，保证资金申报中不遗漏不重复，这是项目能够实施的资金保障。

(3) 严把工程质量关，优选工程建设参与单位，坚持工程建设高标准，加大巡查抽查频次。

(4) 要做到"修旧如旧"，牢记少干预的原则。要维修一座古建筑，是因为它存在着某些方面的危险，如地基、结构，或材料。维修过程必然要加固地基，增强结构，更换材料，这些措施都会使古建筑本身产生变化，加固改造得越多，"修旧如旧"就越难保持，这是显而易见的，因此，要想"旧"，就要少干预。

(5) 建设单位管理到位。由于该项目结构安全性等级为 D_{su} 级，抗震能力也严重不足，在追求让房屋能正常居住的同时又不致被震害威胁到人身财产安全，根据相关规范按照本地区抗震设防烈度，采取加固改造势在必行。加固改造任务繁杂艰巨，但是及时处理可以改善现状，消除安全隐患，建设单位的管理起着举足轻重的作用。

(二) 加固难点

该项目加固难点是如何降低施工过程中对周边道路及房屋的影响。

第六节　历史保护类建筑抗震加固总结

我国作为历史文明古国和历史文化遗产大国，拥有众多世界闻名的古建筑和历史保护类建筑。这些建筑具有历史、文化、科技、艺术等多方面价值。一幢保存完好的古建筑或历史保护类建筑，是城市最具特色、最为活跃的区域，是传承历史文化的载体和研究某一阶段历史文化的重要实物资料，是社会、文化变迁的历史见证，是当代建筑和艺术创作的重要借鉴，是启发爱国热情和民族自信心的教育素材，还是发展旅游业的重要基础。

然而，现存的一些历史保护类建筑由于种种原因缺乏有效的保护，其结构和地基基础安全现状不容乐观，有的年久失修，有的存在严重的抗震安全隐患，遭遇地震时严重破坏的可能性较大。故对于现有历史保护类建筑，在不影响其整体历史原貌的前提下对其进行加固至关重要。

本书结合多处历史保护类建筑加固案例，总结项目实施过程中不可或缺的几点成功因素与不可避免的几处难点，为全国各地开展历史保护类建筑抗震鉴定与加固项目提供借鉴和参考。

这些历史保护类房屋能得以成功加固原因包括：(1) 合理的资金保障和"修旧如旧"的加固原则是项目实施的前提；(2) 政府住房和城乡建设部门、文物保护部门以及各地普通群众对历史保护类建筑有相对较高的保护意识，使得项目得以顺利开展实施；(3) 健全的组织机构和一些相关的政策保障，简化了项目审批手续，缩短了准备时间；(4) 为了尽量保持原有保护类建筑历史风貌，有针对性的加固技术也是促成加固改造的关键因素。

然而，我国还有不少历史保护建筑没能实施加固使其长久保存。主要原因有：(1) 资金问题；(2) 当历史保护建筑属于个人产权时，居民配合的积极性相对较低；(3) 文物专家和有关文物保护单位的文物保护理念与结构加固理念有时难以统一，需要解决“一点都不能加固”与“保持原有建筑风貌前提下的加固”以及如何认定“保持原有建筑风貌”之间的争议问题；（4）对于历史保护建筑，我国尚无针对性的结构鉴定标准和加固标准，且年代久远大部分的历史文物建筑原始竣工资料缺失，所用的建筑材料与结构形式繁杂，因而其加固技术还需加强研发。

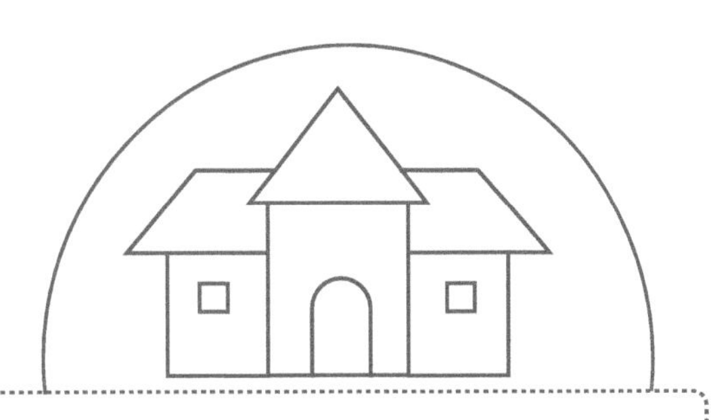

第四章　校舍类建筑抗震加固案例

第一节　北京市某小学框架结构教学楼抗震加固及综合整治实例

一、项目概况

该教学楼为2004年建造的四层现浇框架结构，独立柱基础，层高为3.6m，无地下室，有出屋面楼梯间，房屋总高度为14.7m。教学楼平面形式呈E形，由防震缝将其分成南、北段，总建筑面积约17750m^2，其中南、北段分别约11150m^{2}和6600m^2。由于2008年汶川地震以后，学校校舍提高至重点设防类，为保证学校校舍的结构抗震安全，对该教学楼进行结构抗震加固设计。

该建筑约建造于2003年，按后续工作为50年的C类的方法进行结构鉴定。经过结构安全性鉴定和抗震鉴定，该房屋的安全性等级为B_{su}级，基本安全。根据现行标准《建筑工程抗震设防分类标准》GB 50223相关条文的规定，中、小学校的教学楼，抗震设防类别应不低于重点设防类，房屋所在地区抗震设防烈度为8度（0.2g），设计地震分组第二组，该建筑为乙类建筑，应按9度区的要求采取抗震措施，由于该建筑为框架结构、房屋高度为16.35m，依据现行标准《建筑抗震设计规范》GB 50011的规定，该建筑框架抗震等级为一级，抗震鉴定结果显示不满足要求，应进行加固处理。房屋主要问题为：框架梁的箍筋直径不满足；框架柱的最小配筋率、部分箍筋肢距和箍筋间距等不满足；框架柱、框架梁抗震承载力不满足规范要求；Y方向最大层间位移角为1/434，不满足相关规范要求。

二、加固技术方案

（一）加固方案

该工程结构加固设计遵循以下原则：首先，该建筑为学校教学楼，为乙类建筑，经本次结构抗震加固后满足相关国家规范标准要求；其次，该工程加固改造后满足甲方使用功能要求；最后，在满足相关规范要求的前提下尽量使建筑改动较小、施工工期短、造价低。

经过综合造价、工期、对建筑的影响等多方面考虑，在隔震、消能以及改变结构体系等几个方案的比较中最终确定了采用改变结构体系的方案进行抗震加固，具体内容如下：

(1) 改变结构体系，增设钢筋混凝土抗震墙，由框架结构改变为框架-抗震墙结构，但需考虑应力滞后问题。

(2) 对首层承载力不足的混凝土框架柱进行包钢加固；对少数抗震承载力不足的混凝土框架梁采用包钢或加大截面法加固；

(3) 对各层承载力不足的剪力墙连梁（实为原框架梁）采用包钢和增设双连梁加固；

(4) 对设备管道穿行的楼板进行粘贴碳纤维加固；

(5) 对出屋面楼梯间雨篷部位易倒构件拆除；

(6) 为进一步加强疏散通道的抗震安全性，对所有楼梯间采用钢绞线网片聚合物砂浆面层加固；

南、北教学楼首层结构加固平面图如图 4-1 所示。

(二) 加固注意事项

(1) 新增剪力墙施工注意事项：拆除增设剪力墙位置的原隔墙，不得破坏原有框架梁；对增设剪力墙位置的框架梁等进行卸载；铲除位于增设剪力墙位置范围内的楼板和框架梁面层，以及部分梁侧面保护层并凿毛，用钢丝刷将混凝土面清理干净；浇筑混凝土前应清洗并保持湿润，浇筑后应加强养护；剪力墙内竖向钢筋穿楼板钻孔时不得打断原有楼板内钢筋；所有化学锚固均指结构胶锚固，锚固强度应大于等于被锚钢筋的设计强度，钢筋锚固后应按批随机抽检抗拔力，抽检组数由设计人员与监理单位共同商定。

(2) 包钢加固注意事项：加固前应卸除或大部分卸除被加固构件的活荷载；原有的混凝土构件表面应用钢丝刷清除干净，缺陷应修补，角部应磨出小圆角；楼板凿洞时，应避免损伤原有钢筋；钢板条粘贴钢板前必须打磨粘贴面，混凝土面在粘贴前也进行打磨并用丙酮擦洗干净；构架的角钢应采用夹具在两个方向夹紧，缀板应分段焊接。注胶应在构架焊接完成后进行，胶缝厚度宜控制在 3～5mm；外粘型钢施工完毕后，应在表面抹 25mm 厚 1∶3 水泥砂浆保护层，并配置钢丝网；粘贴钢板时结构胶要饱满，不允许有空鼓；有焊接时，应先焊后灌胶；粘贴钢板施工应由专业施工队施工。

(3) 钢绞线网片聚合物砂浆加固注意事项：钢绞线应采用硫、磷含量均不大于 0.03% 的优质碳素结构钢绞线丝；钢绞线抗拉强度标准值应满足现行标准《混凝土结构加固设计规范》GB 50367 的要求；施工前应对混凝土基面进行凿毛处理，把原混凝土面装饰层完全清除，露出原结构坚实面，当施工条件准许时，基层处理的边缘应比设计抹灰尺寸外扩 50mm；钢绞线两端固定结夹紧后，使用专用工具在拉伸试验机上做拉伸试验。保证钢绞线的抗拉强度应满足现行标准《混凝土结构加固设计规范》GB 50367 的要求；钢绞线张拉固定后必须保持钢绞线在弹性受力段；该工程应采用Ⅰ级改性环氧类聚合物砂浆；压抹聚合物砂浆，外加层厚度，单层钢绞线网片为 25mm，双层钢绞线网片为 35mm；渗透性聚合物砂浆内加有聚合物等多种外加剂，使用时按照厂家的材料使用说明书配置，一次搅拌量不宜过多，宜控制在有效的操作时间内；当聚合物砂浆喷射或压抹厚度达到设计要求

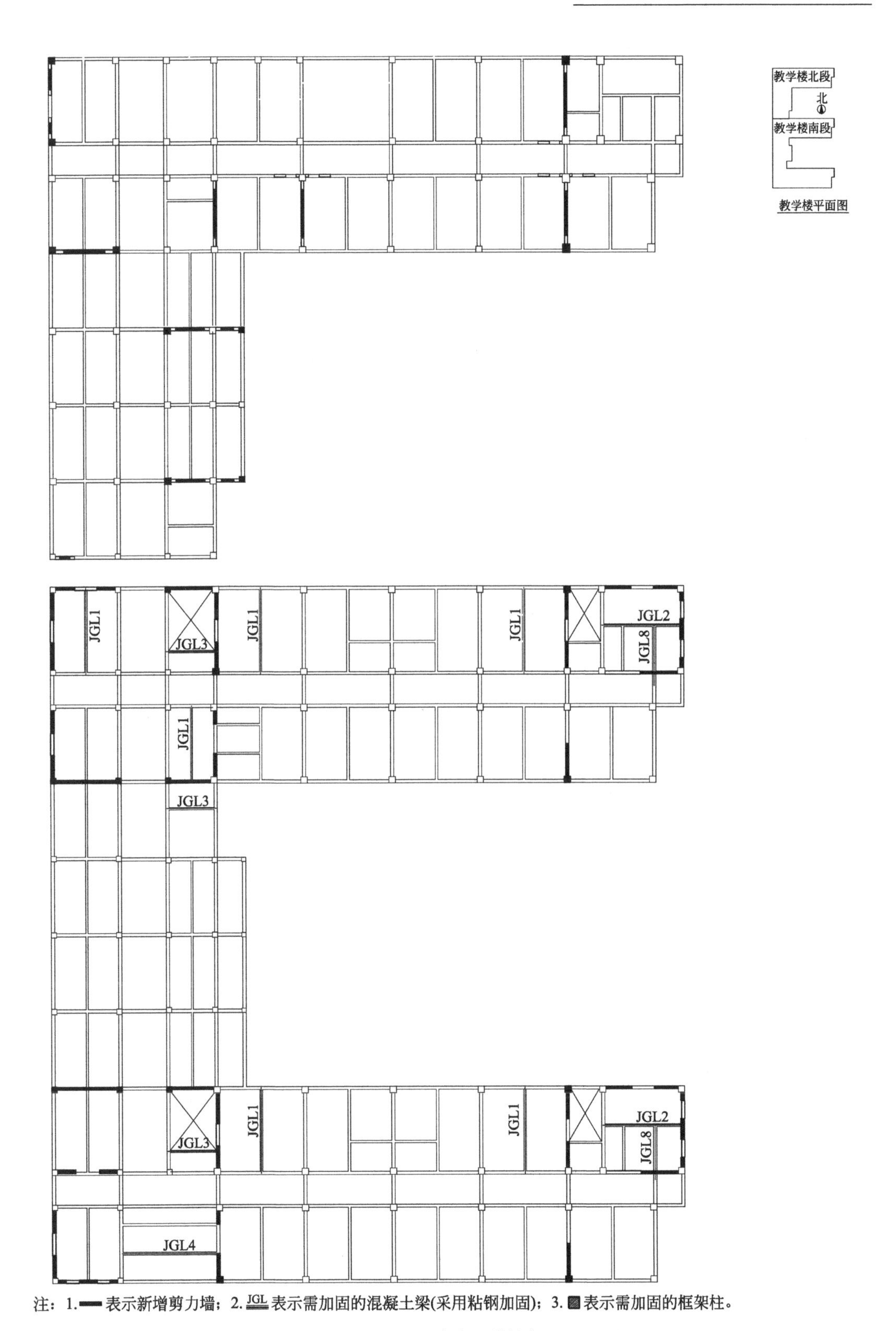

注：1.▬表示新增剪力墙；2.JGL表示需加固的混凝土梁(采用粘钢加固)；3.▩表示需加固的框架柱。

图 4-1　南、北教学楼首层结构加固平面图

时，应及时做好压抹收光；施工环境温度在20℃以上的情况下，在聚合物砂浆压抹收光后的20min开始对施工面进行刷水养护，最少7d以上实行湿润养护，在此期间应防止加固部位受到硬物冲击或由于荷载加大引起变形，当施工环境温度低于20℃时，应适当推迟刷水养护时间，冬期施工应有可靠的保温措施，施工温度5℃以下时，不宜压抹聚合物砂浆。

(4) 楼板洞口修补注意事项：由于设备管道穿行需楼板开洞，开洞时尽量避开原结构钢筋，避不开的被凿断的钢筋应进行锚固。

(5) 设备在新增剪力墙上留洞注意事项：墙上孔洞必须预留，不得后凿。除按结构施工图纸预留孔洞外，还应由各工种的施工人员根据各工种的施工图纸认真核对，确定无遗漏后才能浇灌混凝土。

(6) 楼梯间加固注意事项：对该教学楼各段所有楼梯间采用钢绞线聚合物砂浆面层加固。

(7) 其他注意事项：混凝土剔凿和机械钻孔时不得损伤原结构主要钢筋；施工前对室内装修、室内物品、电缆线、配电箱等进行妥善保护；施工中若发现填充墙裂缝应进行修补；施工中若发现与图纸不符合的部位应及时通知设计人员，并会同甲方、监理等一起制定处理方案后方可进一步施工；基槽开挖至设计基底后应进行钎探，会同勘察单位、甲方(学校)、设计单位、施工单位及有关人员验槽后方可施工，发现异常情况应进行地基加固处理后再施工。

三、项目实施流程及效果

(一) 实施流程

1. 确定实施主体

该项目的实施主体是校方。

2. 项目前期工作

先委托具有相应资质的单位进行结构鉴定，依据鉴定结论确定是否需要进行加固。鉴定的内容主要包括：初步调查，详细调查，安全性等级，适修性评估，鉴定报告等内容，而加固改造则包括加固改造设计、施工和竣工验收等环节。

3. 加固与改造设计

校舍建设单位依法将校舍加固改造施工图设计文件送往住房和城乡建设主管部门认定的施工图审查机构审查。校舍加固改造工程视为房屋建筑改造工程，校舍建设单位应严格执行工程建设程序，依法取得施工许可，办理工程质量安全监督手续。

校舍加固改造设计时，对耐火等级、防火分区、防火间距、安全疏散、消防设施、消防水源等不符合相关消防技术标准要求的校舍应报当地消防部门审查备案后进行同步改造，并应达到现行相关消防技术标准要求。

4. 项目施工

北京市要求教育、发展和改革、财政、住房和城乡建设等部门各司其职，统筹协调，在确保工程质量的前提下加快工程推进。具体职责如下：

(1) 教育部门：切实把校安工程实施作为教育工作的重点，会同有关部门做好校安工程规划工作；加强组织协调，负责校安工程实施、监管和督促检查。

(2) 发展和改革部门：把校安工程纳入国民经济和社会发展计划，切实加大投入；加强项目监管；制定和完善相关政策，为校安工程提供政策支持。

(3) 财政部门：充分发挥公共财政职能，落实好财政预算内应承担的校安工程资金；加强资金监管，提高使用效益。

(4) 住房和城乡建设部门：在标准制定、工程勘察、设计、校舍鉴定、改造方案制定及工程质量等方面加强指导和监管，督促各方责任主体执行相关标准。

(5) 公安、水利、地震等部门：发挥专业指导、监督作用，为校安工程实施提供相应的技术支持。

(6) 监察、审计、安全监管等部门：在各自职责范围内，依法对校安工程实施工作进行监督。

(二) 工程实施效果

改造前后建筑外立面图如图 4-2、图 4-3 所示。

图 4-2　改造前建筑外立面

图 4-3　改造后建筑外立面

四、项目保障措施

（一）资金保障：

北京市校舍建筑的抗震鉴定、加固价值评估费用，由市财政承担。

（二）政策保障

（1）拓展资金筹措渠道。校安工程专项资金实行省级统筹，市、县负责，多渠道筹措，中央财政补助，鼓励社会各界捐资捐物支持。专项资金则根据工程总体规划和年度实施计划，专款专用，保证效益。建设过程中涉及的行政事业性收费和政府性基金，均应予以免收。

（2）严格执行建设程序，始终把工程质量摆在首要位置，并严格执行项目法人责任制、招标投标制、工程监理制和合同管理制。

（3）协调审图单位、规划等相关部门，加快推进校安工程。

五、总结

（一）主要经验

（1）加强管理，做好统筹协调。北京市教育和建设主管部门密切配合、统筹协调、科学安排，是保障此次校舍抗震安全排查、加固工作取得实效的关键。

（2）有效的资金保障。由政府承担抗震加固改造资金，保障改造资金足额到位。

（3）严把工程质量关。建立、健全施工质量的检验制度，严格工序管理，做好隐蔽工程的质量检查和记录，坚持工程建设高标准，加大巡查抽查频次。教育部门、住房和城乡建设部门适时检查落实情况，对违反国家法律法规，造成校舍质量事故的，依法追究相关责任。

（4）制定安全工作方案，安全文明施工。根据师生活动范围，搭设防护通道，合理设置警示标志、绕行标志等，提示和引导避让危险，确保在校师生和施工人员的人身安全。

（5）认真组织竣工验收工作。依法组织竣工验收，投入使用前还需进行室内空气质量检测，合格后方可交付使用。

（6）校舍加固改造设计应考虑建筑节能。鼓励有条件的地区对校舍实施结构加固和建筑节能一体化改造。

（7）施工时间合理控制。校舍加固工程实施需要一段时间集中施工，为此北京市在当时对所有中小学提前两个月放暑假，为全市中小学校进行了抗震加固，保证校舍加固工程在暑假结束前结束施工。

（8）加大防震减灾宣传教育。鼓励各级各类学校设立防震减灾宣传员的培训，组织防震减灾宣讲团，开展经常性的科普宣讲活动。

（二）加固难点

在选择施工方案时，由于校舍工程对施工进度、经济效益的要求较高，必须同时考虑施工进度的可行性和经济实用性。另外，不同于住宅房屋，校舍加固工程可以选择内侧加固，但是需要牺牲室内建筑面积，在确定技术方案时，对结构使用性的影响必须考虑在内。

第二节　云南省某中学框架结构教学楼抗震加固及综合整治实例

一、项目概况

该中学教学楼为1995年建造的四层钢筋混凝土现浇框架结构，建筑高度15.60m。经过结构安全性鉴定和抗震鉴定，该房屋安全性等级为B_{su}级，基本安全，房屋所在地区抗震设防烈度调整为8度（0.2g）、设计地震分组第三组，按照后续工作年限40年B类的要求进行抗震鉴定，结构综合抗震能力不满足抗震鉴定标准要求，应进行加固处理。房屋主要问题为：原有建筑抗震设防分类为丙类而现行相关规范要求为乙类；原结构采用C20混凝土，不满足现行规范不应低于C30的要求；原结构还存在部分柱轴压比大于0.65、部分楼层层间位移大于1/550、单体周期比不满足要求等问题；框架梁箍筋直径、加密区长度等不满足规范要求，框架梁未设置构造腰筋，不符合规范要求；框架柱箍筋直径、加密区箍筋肢距、体积配箍率等不满足规范要求，所有角柱箍筋未全高加密，不满足规范要求。

二、加固技术方案

加固方法：因该房屋结构安全性等级为B_{su}级，可以不针对构件安全性的加固，只是抗震承载力不足，故可以采用隔震的加固形式。

将上部各个结构单元连为一个整体的框架结构形式，并对平面不规则进行补强，既解决单跨框架的缺陷，提高了抗震性能，又简化了设计及施工。后经验算该方案确实可行。

全楼采用基础隔震加固，现浇隔震层顶板，教学楼各结构单元连为一个结构单元，局部增加楼板，原−0.700m标高处梁及底层填充墙全部拆除，基础采用钢筋混凝土外套，加大基底面积。

采用隔震方案进行抗震加固，对基础加大截面加固，原−0.700m标高处梁全部无损切除，在−0.050m标高处重新浇筑隔震层梁板。一层墙体全部拆除，在−0.950m标高处换装橡胶隔震支座，隔震层以下柱加大截面加固，作为隔震支座的上下支墩。同时对上部框架柱做包钢加固。

该工程的重点和难点是隔震支座的安装。按照工艺要求，安装隔震支座前，必须先将柱“托住”，切除安装隔震支座的柱段，最后用隔震支座将柱上、下段连接起来，共同受力。

首层平面布置图如图4-4所示，隔震支座布置图如图4-5所示。

由于工程工期紧，质量要求高，且难度较大，因此，在安装隔震支座时，保证安全和质量的前提下，加快施工进度，保证各项指标按要求完成。按照总体部署，全部135个隔震支座分四批完成。每一批柱的安装顺序都是独立的。第一批隔震支座全部安装完成后，接通所有千斤顶同步顶升，拆除安全垫块刚性支撑后，再同步卸载，直至整体结构荷载都作用在隔震支座上，拆除同步千斤顶系统。后面三批的做法同第一批。分四个批次安装，综合考虑了设备能力、工期要求和施工成本几个关键因素，各方面都能达到较好的结果。

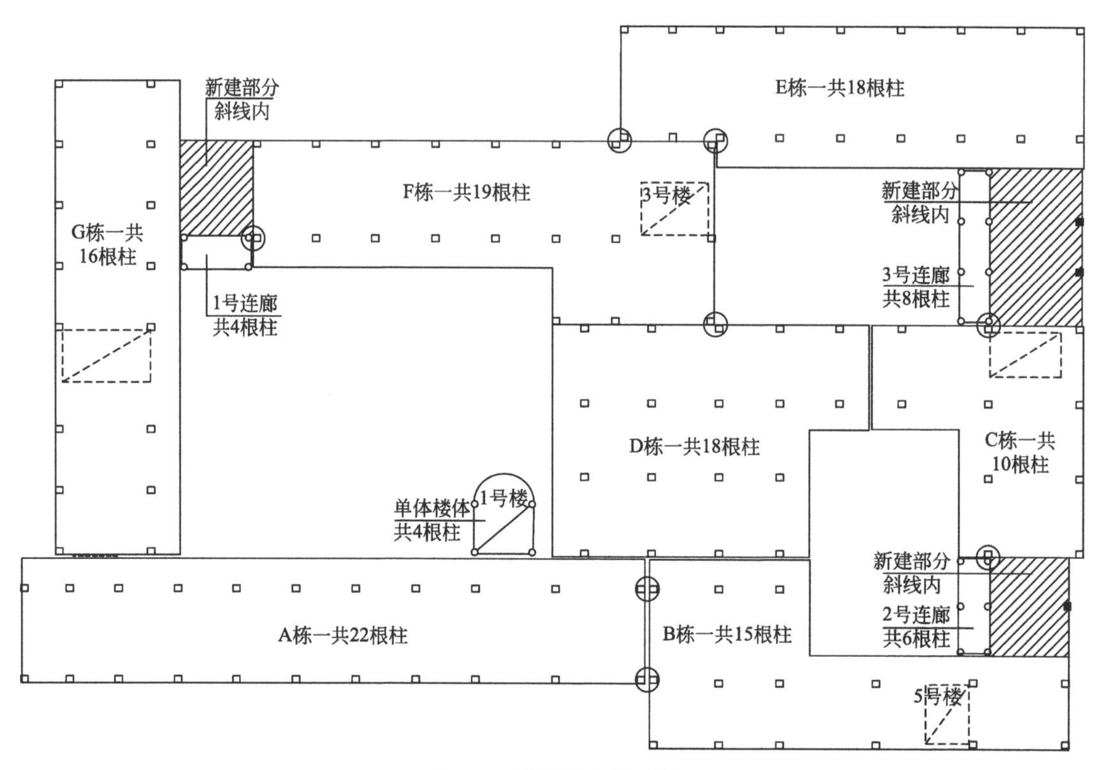

图 4-4 首层平面布置图

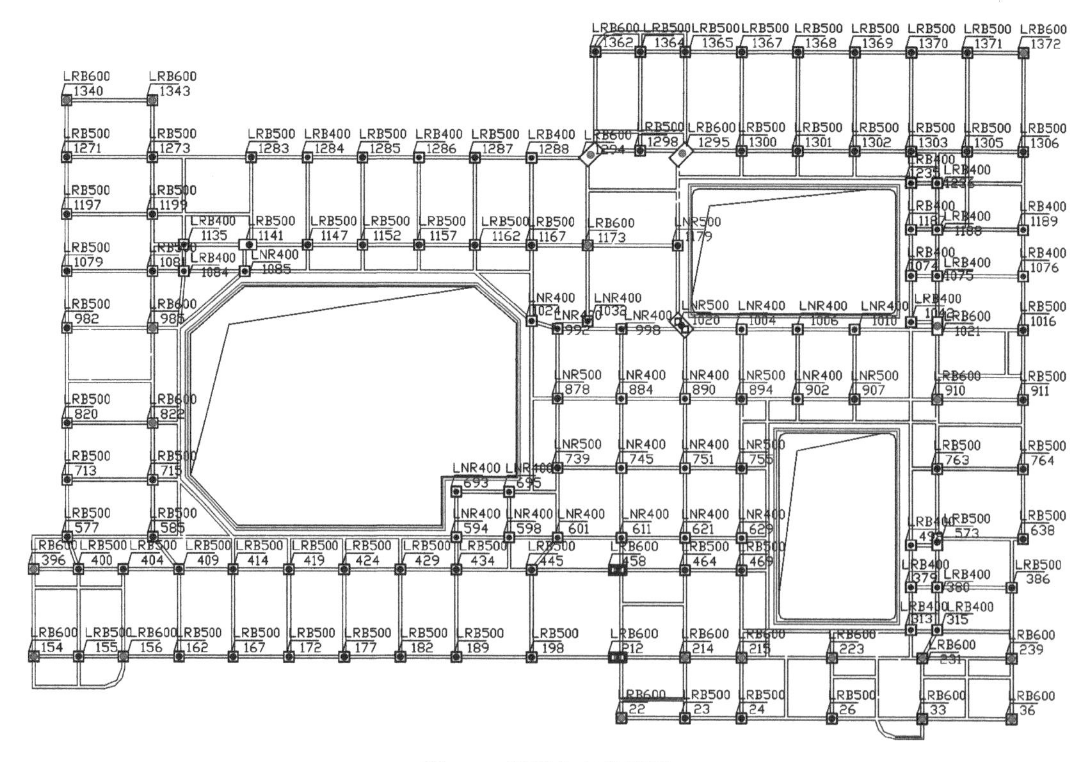

图 4-5 隔震支座布置图

因现场条件限制，或是某些部位的柱需提前完成，而需要调整顺序时，可以根据实际情况做适当调整。

三、项目实施流程及效果

（一）实施流程

1. 确定实施主体

各州、市、县、区政府统筹本辖区内的校舍加固改造工作，各级教育主管部门切实承担牵头管理的主体责任，加强组织、综合协调和督促指导；对于政府举办的中小学幼儿园，各地督促学校切实承担校内安全管理的主体责任，强调对校园安全实行校长（园长）负责制，落实学校管理责任。

2. 项目前期工作

经排查及结构鉴定，建筑物安全性等级为 B_{su} 级，综合抗震能力不满足抗震鉴定标准要求。随即进行了项目可行性研究，对项目的必要性可行性及相关条件逐一分析，并在全面调查深入研究的基础上制定加固方案，组织专家预审。

3. 加固与改造设计

在住房和城乡建设部的指导下，加快办理工程规划立项、建设许可等审批手续，以免影响工程进度。

4. 项目施工

（1）以市教育局为招标人，对辖区范围内的校舍抗震加固改造项目实施打包统一招标，推行工程总承包发包，选择设计单位和施工单位，节约招标时间；市住房和城乡建设局加快办理报建备案、招标备案、招标文件备案、招标投标情况书面报告、合同备案等招标投标程序，压缩施工许可办理时间。通过建立"绿色通道"，简化项目前期审批手续。

（2）精简政策性文件。立项批复以市为单位进行，在办理施工图审查手续前取得立项批复，批复中明确各加固改造项目名称、建筑规模及加固改造的估算投资；加固改造项目可不提供规划建设许可证，由教育主管部门出具加固改造情况说明，情况说明中除明确只对建筑进行加固改造之外，还需对不改变使用功能、不增加建筑面积、不扩建、不增加楼层、不改变外立面等问题进行承诺，如有以上方面确需改变，另行报批；可不提供初步设计批复文件；可不单独进行抗震设防专项审查，但在施工图审查中对抗震设防标准要求应重点审查、严格把关，确保满足现行抗震设防标准要求。

（3）精简审查内容、压缩审查时限。施工图审查机构在审查项目前，加强与设计单位的沟通，提前介入，主动做好咨询服务；在确保审查质量的前提下，加快审查时间，在原有审查时限要求下，缩短一半时间。将办理工程质量监督手续和施工安全监督手续的时间压缩至 2 个工作日；将办理建设工程竣工验收备案手续的时间压缩至 3 个工作日。

（二）工程实施效果

该校舍经抗震加固后，抗震承载力有了大幅度提升，满足现行抗震加固标准的要求。

四、项目保障措施

（一）资金保障

建立和完善省、州、市、县三级资金分担机制：公办义务教育学校C级校舍加固改造，省级财政统筹安排校舍维修改造长效机制资金予以补助；幼儿园和高中、中职学校C级校舍加固改造，所需资金由各州、市、县、区自筹资金解决；民办和部门举办学校由举办者自筹资金解决。

（二）政策保障

（1）严格工程资金管理制度，保证资金落实到位。规范使用C级校舍加固改造工程建设经费，将所需资金列入财政预算，资金拨付按照财政国库资金管理制度有关规定执行，杜绝挤占、挪用、克扣、截留、套取工程资金等行为。

（2）执行工程规费减免政策。C级校舍加固改造工程规费减免优惠政策，参照《云南省人民政府办公厅关于减免中小学校舍安全工程建设有关收费的通知》（云政办发〔2009〕251号）执行，做到行政事业性收费全免，服务性收费按最低限收费。

（3）质量保证。确保工程监管到位，规范工程程序，认真制定实施规划，落实安全生产责任制，严格落实抗震设防要求，切实把好质量关。

（4）加快行政审批速度。各州市、县通过建立“绿色通道”，简化项目审批手续，缩短审批时间。

（5）建立由省人民政府统筹组织，州、市人民政府协调指导，县、市、区人民政府组织实施的长效机制。主要负责人要亲自抓，分管负责人具体负责。有关部门要各司其职，加强协调，密切配合。

（6）建立责任追究制度。当地教育、财政、住房和城乡建设行政主管部门，严格按照职能职责对辖区内加固改造工程负责，一旦发生事故，严肃追究责任。

五、总结

（一）主要经验

（1）省政府高度重视，迅速部署工作任务，及时调研，多措并举，确保各类学校建设到位。

（2）教育部门和学校在加固改造工程中承担主体地位，与建设等部门加强沟通，在校舍排查、制定加固改造方案等关键环节，严把质量标准和工程建设质量关，按标准组织施工和验收；积极配合财政、发展和改革、住房和城乡建设等部门，落实工程立项、建设收费减免政策，统筹安排使用好工程资金。

（3）资金落实到位。

（4）控制项目实施工期，充分利用好暑假的施工黄金时间，倒排工期，确定工程进度时间表和路线图，在确保工程质量的前提下，抢抓工程进度。

（5）保证工程质量，按照基本建设程序要求，实施严格施工管理，组建巡查小组，有效落实各项措施，确保项目建成合格工程。

（6）坚持“严格标准、勤俭节约”的原则，校舍加固改造工程方案与实施过程都应保障安全实用，避免浪费财力搞豪华装修。

（7）根据《云南省隔震减震建筑工程促进规定》（云南人民政府令第202号），校舍抗震加固改造鼓励采用减隔震技术。隔震技术优势在于：1）施工在地下进行，基本不干扰学校的正常教学及学生生活，实现了施工期间不搬迁、不停课，不动上部装修的效果。2）部分房屋在采取了隔震措施后，隔震层上部结构抗震设防烈度降低1度，从而允许层数增加。3）提高其抗震能力的同时可以保护其原有的建筑风貌。4）在高烈度区隔震技术比传统加固方法造价更低。

（二）加固难点

（1）资金与协调问题：由于不安全校舍数量和资金缺口较大、出现不安全校舍加固改造任务推进难、民办和中职学校实施校安工程难度大等一系列问题，校舍抗震加固的项目还未完全覆盖，下一步将推行长效保障机制，扩展融资渠道。

（2）技术问题：本工程加固改造的重点及难点均在于安全地对现有结构底层柱进行切割，并安装橡胶隔震垫。

第三节　四川省某小学1号砌体结构教学楼抗震加固及综合整治实例

一、项目概况

该小学1号教学楼为20世纪80年代建造的四层砌体结构，总建筑面积1184m^2，建筑高度13.3m。在本次抗震加固及综合整治前，未进行过加固处理。经过结构安全性鉴定和抗震鉴定，该房屋安全性等级为C_{su}级，显著影响整体承载，房屋所在地区抗震设防烈度为7度（0.1g），设计地震分组第三组，按照后续工作年限30年A类的要求进行抗震鉴定，综合抗震能力不满足要求，应立即进行加固处理。

二、加固技术方案

该房屋建于20世纪80年代，2012年开始实施抗震加固及综合改造时已经使用近30年，房屋年久失修，部分墙体出现裂缝，部分梁混凝土出现顺筋爆裂，部分花格窗缺失。1号教学楼屋盖结构平面图如图4-6所示。

该项目采用的加固方案为：对抗压及抗震承载能力不足，以及端部楼梯间的墙体采用钢筋网水泥砂浆面层进行加固处理；对外廊的独立砖柱采用钢筋混凝土围套进行加固处理；对构造柱设置不满足要求的部位，当墙体采用双面钢筋网水泥砂浆面层进行加固时，在需增设构造柱的位置增设加强钢筋并用加强连接的方式代替构造柱，在其余部位采用外加钢筋混凝土构造柱进行加固。这种加固方案既控制了造价，也保证一般施工单位就能够顺利施工。

另外对墙体裂缝、混凝土爆裂的梁以及缺失的花格窗也进行了处理。1号教学楼底层及二层墙、柱和三层梁加固方案如图4-7所示。

工程中新旧连接是施工的重点和难点，为此说明及设计交底时明确提出结合面的处理

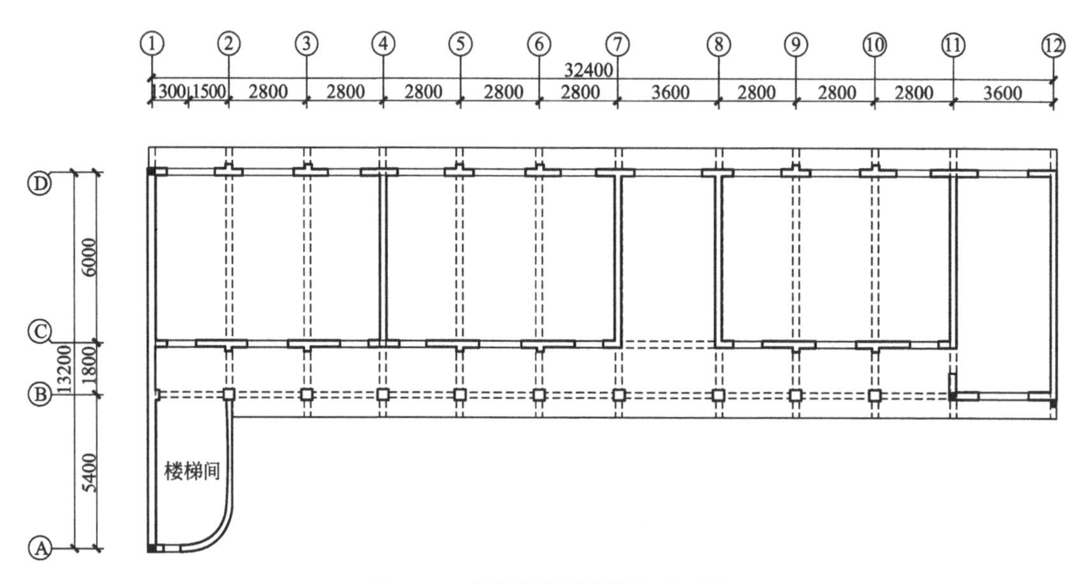

图 4-6　1 号教学楼屋盖结构平面图

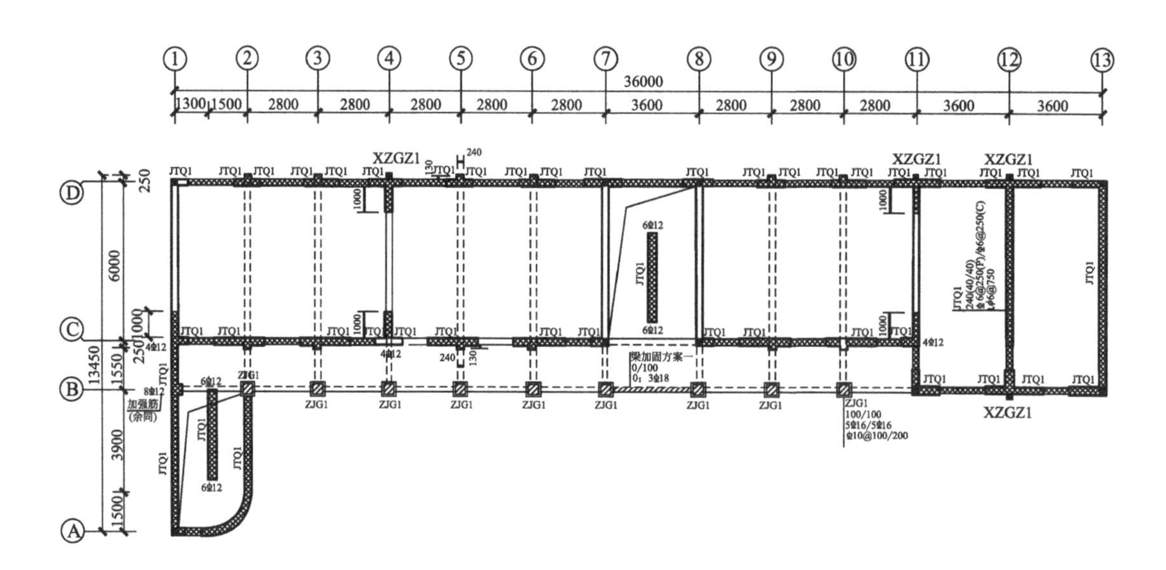

注：1. ▩ 表示采用双面钢筋网水泥砂浆面层进行加固；

2. ▨ 表示采用钢筋混凝土加大截面法进行加固；

3. ▨ 表示采用钢筋混凝土围套法进行加固；

4. XZGZ1为外加钢筋混凝土构造柱。

图 4-7　1 号教学楼底层及二层墙、柱和三层梁加固方案

措施、拉结措施的设置以及后期分层施工的措施及养护要求等，确保了施工质量。

项目的结构加固造价（含拆除）约 600 元/m^2。综合单方造价涉及结构加固、室内外简装、部分门窗更换、全部机电设备管线更新等，约 1000 元/m^2。

三、项目实施流程及效果

（一）实施流程

1. 确定实施主体

校舍安全排查鉴定及加固重建实行属地化管理原则，市（州）、县（市、区）政府是校舍安全工程的具体实施主体，对本地的校舍安全负总责，主要负责人负直接责任。各地校安办负责组织本行政区域校舍安全排查鉴定工作，并提出和上报校舍场址安全和校舍建筑安全评估意见。

教育、住房和城乡建设、地震、水利、消防、气象以及安全监督等各有关部门在同级政府领导下，各司其职、各负其责、通力合作、全力以赴开展校舍安全工作。

2. 项目前期工作

根据《四川省建设厅关于开展全省地震灾区城镇受损房屋建筑抗震鉴定修复加固工作的通知》（川建发〔2008〕36 号），对学校等人员密集的公共服务设施，应当按照高于当地房屋建筑的抗震设防要求进行抗震鉴定和加固设计。因此需要排查及结构鉴定。在排查的基础上确定详细的检测鉴定方案，进行现场详细调查，之后对结构安全性和抗震能力进行鉴定，该项目安全性等级评定为 C_{su} 级，综合抗震能力不满足要求，应进行结构加固处理。随即进行了项目加固设计、费用估算等，经相关部门审核后项目获得批复。

3. 加固与改造设计

加固工作分为以下几个步骤：抗震性能鉴定，抗震加固设计，抗震加固施工图审查，施工方案编制，竣工验收等。因此建设单位委托设计单位依据鉴定报告及补充检测进行加固设计，并确定加固设计施工图，之后施工图经审查机构审查合格。

4. 项目施工

该项目在实施过程中，实行统一管理，严格按照相关要求进行工程招标，严格执行建设标准及项目建设程序，合理实施资金调度，统一监督，在施工过程中充分利用并发挥好各参建单位的作用，配合质量监督部门及时做好工程的质量检查和验收记录。

（二）工程实施效果

该项目抗震加固及综合整治项目的主要内容有：结构整体加固、楼内机电设备管线的更新、加固后的装修恢复等。加固改造前后外立面如图 4-8、图 4-9 所示。

四、项目保障措施

（一）资金保障

按照《四川省中小学校舍安全工程总体规划及年度计划（2009—2013 年）》要求，全省 2011 年校安工程任务计划投入资金 82 亿元。按照国务院确定的中小学校舍安全工程建设资金实行省级统筹，市（州）、县（市、区）负责，中央财政补助资金安排原则，各市（州）、县（市、区）人民政府要充分履行校安工程主体责任，千方百计筹措资金，确保工程资金及时足额到位。为不影响学校正常教学，项目加固改造时间安排在假期。

图 4-8　加固改造前外立面

图 4-9　加固改造后外立面

（二）政策保障

对于学校加固改造项目，各县市区教育行政部门和学校要紧抓灾后重建契机，深刻领会中央精神，突出重点，积极协调专业部门，形成校安工程绿色通道，简化了综合改造工程审批手续、缩短了办理时间，并且加强档案信息建设，随时接受督查审计。

五、总结

（一）主要经验

（1）有健全的项目组织机构。加强组织保障，形成“市级管理、县级为主、学校配合”的高效联动工作机制。各地校安工程领导小组成员尽责履职，密切配合，通力合作，积极推进工程顺利实施。各市（州）、县（市、区）校安办坚持例会、月报等各项报告制度，坚持专题研究重大问题，协调处理跨部门重要事项的工作会议制度。

（2）资金是校安工程顺利实施的根本保证。各地加大资金筹措力度，落实财政经费预算，整合各类筹资渠道，优先安排工程资金，确保资金及时足额到位。有关部门要认真落实各项收费减免政策，加强专项资金管理，统筹安排，切实提高资金的使用效率和效益。

（3）抓好质量管理。严格执行各项基本建设程序，落实工程建设管理各项制度，依法依规执行工程质量标准，严把建筑材料质量关和采购关。抓好安全管理。严把施工现场安全关，严格隔离教学区和施工区，坚决杜绝安全工程出现安全问题。根据工程实施需要，适当调整学校教学时间，充分利用暑、寒假期间进行加固改造施工。抓好竣工验收工作。严格按照校舍安全实施细则和工程技术指南及国家现行有关工程质量验收规范的要求，制定工程项目竣工验收工作方案，严格执行工程项目验收程序，确保加固改造，合格验收，安全使用。

(4) 落实国家对中小学校舍安全工程的相关要求，及时对存在隐患的校舍进行加固改造处理，在保证校舍结构安全的同时，美化校舍的环境，优化校舍的设备和设施，增强学生、教职工及家长的幸福感。

(二) 加固难点

(1) 鉴定单位的水平参差不齐。一些鉴定报告资料不完善甚至不正确，影响后续的加固设计。

(2) 加固只能选择两个月的暑期，工期紧、任务重，需加强质量监管。

(3) 结构加固的重要性还需多宣传。个别校舍使用方不重视结构加固，不愿意在结构加固方面做更多的投入，反而更愿意把资金用在外立面装修方面。甚至有在结构加固与外立面影响方面，愿意选择不影响外立面而要求放弃加固的情况。

第四节　福建省某框架结构教学楼增层改造加固实例

一、项目概况

该建筑为2011年建造的五层现浇钢筋混凝土框架结构，建筑面积为4362m^2，基础采用钻孔灌注桩，首层层高为4.0m，2～5层层高均为3.6m。因使用功能需要，校方拟再增加一层，需对原结构进行加固。建筑正面外貌如图4-10所示。

增层加固设计需对原结构进行检测鉴定，经过结构安全性鉴定和抗震鉴定，不考虑加层情况下，现阶段该房屋安全性等级评定为B_{su}级，基本安全，房屋设计时所在地区抗震设防烈度为7度（0.1g），设计地震分组第三组，后调整为8度（0.2g），按照后续工作年限50年C类的要求进行抗震鉴定，结构不满足抗震设防烈度提高的抗震要求。

图4-10　建筑正面外貌

二、加固技术方案

根据检测鉴定结论，静力作用下该建筑除个别构件箍筋间距不满足设计要求外，其余满足原设计要求，在不考虑加层情况下结构安全性等级为 B_{su} 级，仅需对个别箍筋构造不满足要求的构件及裂损构件进行加固修复处理。增层改造项目需考虑增层带来的竖向荷载增大、风荷载增大以及地震作用增大的问题，对原有基础及上部结构构件可能均有影响，原框架结构需进行承载力复核验算以及变形复核验算，对原基础需进行复核验算。对承载力不足的构件或基础需进行加固处理。

该工程应按C类钢筋混凝土房屋抗震加固设计。建筑结构安全性等级为二级，建筑抗震设防类别为乙类，所在地区的抗震设防烈度为7度，设计地震分组为第三组，地震加速度为0.10g，设计特征周期为0.45s，建筑类别调整后用于结构抗震验算的抗震设防烈度为7度；按建筑类别及场地调整后确定抗震设防烈度为8度，框架抗震等级为二级。按加层后的方案复核验算结果表明：经过复核计算，原有桩基承载力满足增层后结构的承载力要求，不需要对原有桩基进行加固。上部结构部分梁柱构件承载力不满足要求，需进行加固处理。标准层结构平面布置图如图4-11所示。

该工程为学校建筑，其加固及装修施工需在暑期60d内完成，所以，加固应尽量选择可缩短工期的加固方法。该工程根据复核验算结果，选择如下加固处理方案：

(1) 对轴压比超过规范限值的柱子采用扩大截面加固法加固；对承载力不足但轴压比未超过规范限值的柱子采用外包型钢加固法加固；对不满足原设计要求的柱构件采用粘贴箍板或粘贴碳纤维复合材箍进行加固。

(2) 对承载力不足的梁一般采用粘贴钢板加固；鉴于墙体部位梁采用外包型钢或粘贴碳纤维布加固，外墙现有墙体及装饰拆除量较大，宜采用内侧单侧扩大截面加固，减少对现有墙体的拆除，所以对局部墙体承载力不足的梁采用单侧扩大截面加固。

(3) 为缩短工期以及减轻新增结构重量，新增屋面板采用钢混凝土组合楼盖，新增屋面次梁采用钢梁。

(4) 对出现裂缝的围护墙体采用灌注水泥聚合物浆液修复；对出现裂缝的栏板进行拆除重砌。标准层柱加固平面图如图4-12所示、标准层梁加固平面图如图4-13所示。

具体加固内容如下：对1～5层局部混凝土柱采用扩大截面、外包型钢或外包钢箍板进行加固；对2～6层（原屋面层）局部混凝土梁采用粘贴钢板或扩大截面加固，部分梁柱截面采用加腋加固；对屋面层（原出屋面层）局部混凝土梁、板采用无损切割技术进行拆除；对屋面层（原出屋面层）局部新增混凝土梁、板，局部新增钢梁和组合楼板；对六层（原屋面层）新增混凝土楼梯，出屋面楼梯间局部新增混凝土柱及混凝土板；对局部楼板裂缝采用粘贴碳纤维布加固；对墙体裂缝采用灌注水泥聚合物浆液修复，对裂缝宽度大于0.5mm的墙体裂缝，在裂缝修复后再采用扒锯加带状抹灰加固墙体；对局部斜向开裂的栏板进行拆除重砌。

项目的重点和难点在于项目工期短，加固工程量大，为满足工期要求，需尽量选择能够缩短工期的加固方法，合理穿插安排施工工序。

工程结构加固的单方造价约为550元/m^2，综合造价涉及结构加固、室内装修、给水排水、电气设备管线更新、新增水箱等，约为1000元/m^2。

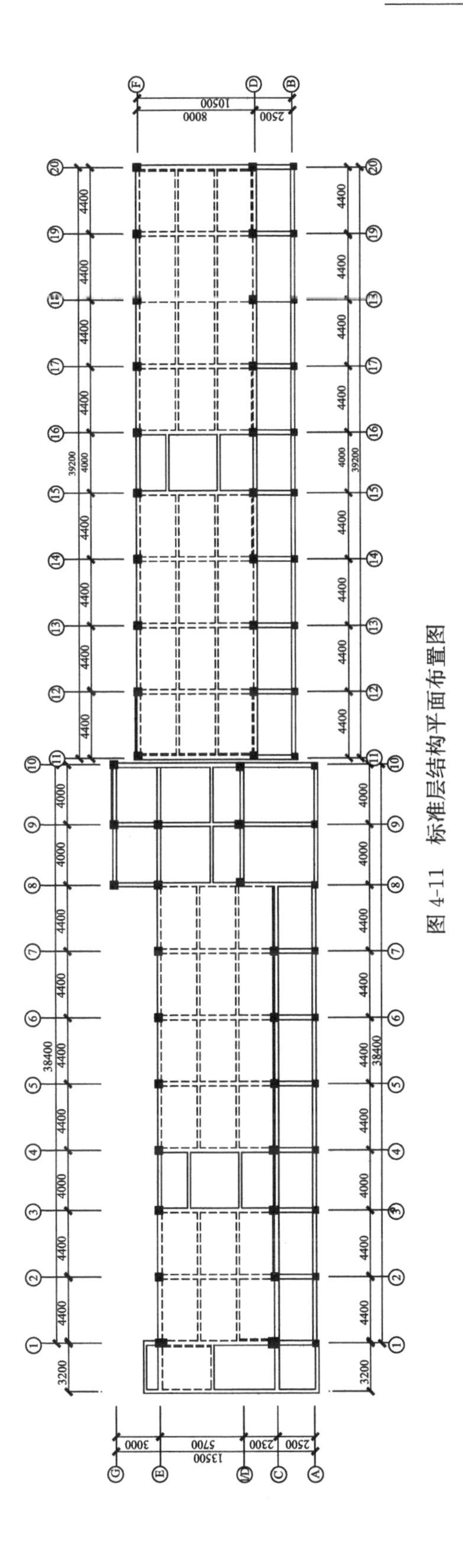

图 4-11 标准层结构平面布置图

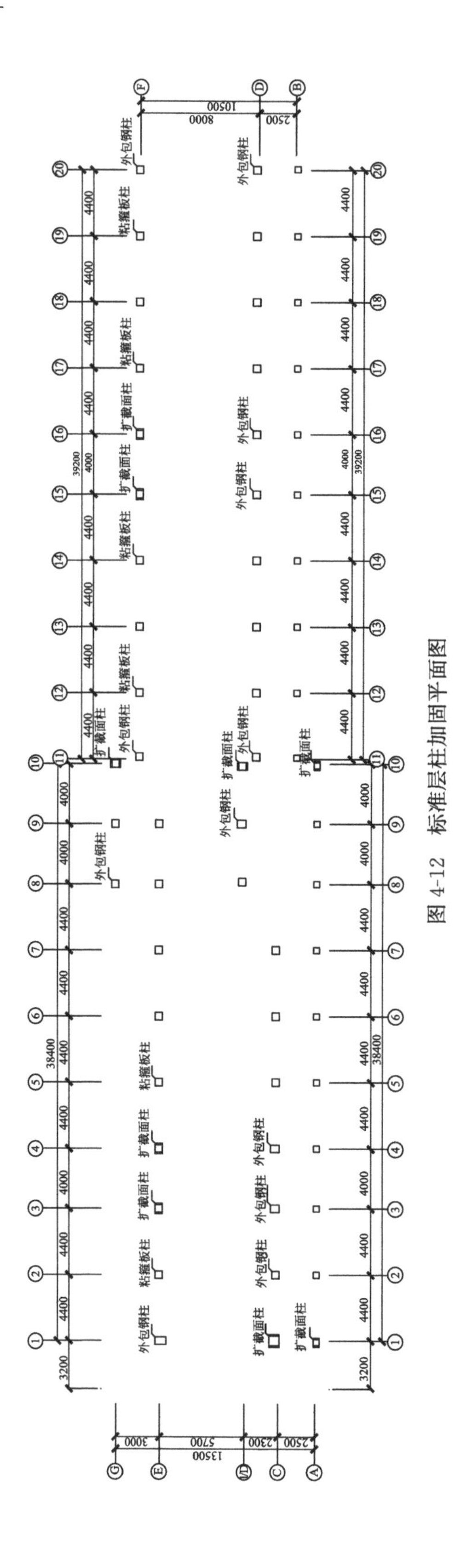

图 4-12　标准层柱加固平面图

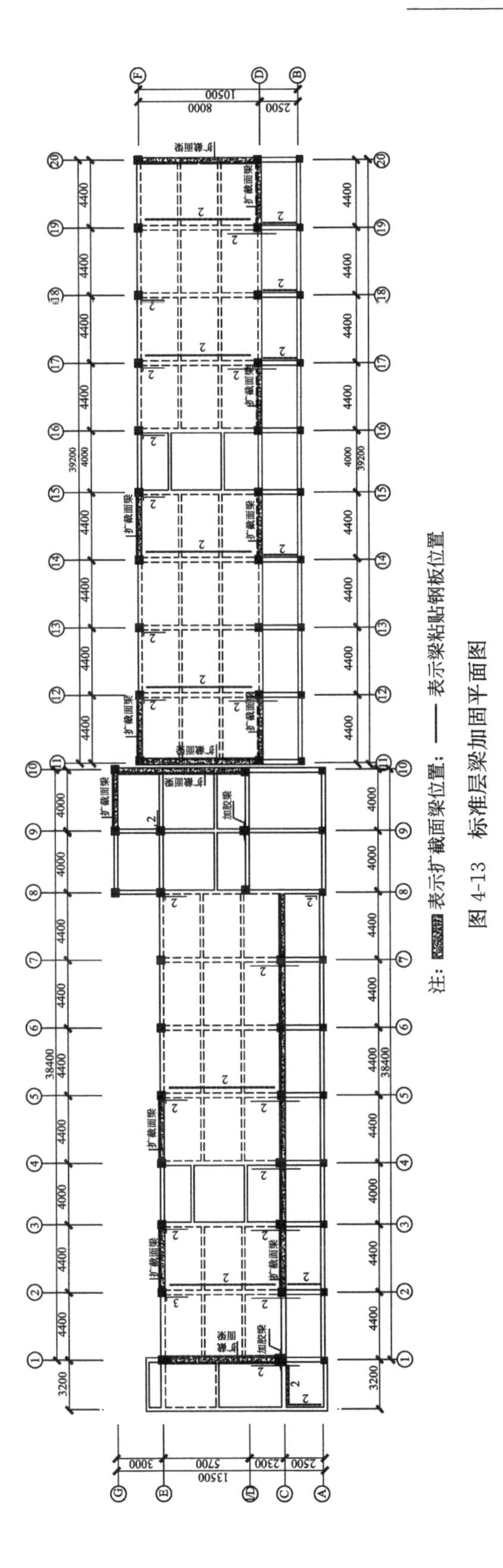

注：[图例] 表示扩载面梁位置；—— 表示梁粘贴钢板位置

图 4-13　标准层梁加固平面图

三、项目实施流程

（一）实施流程

1. 确定实施主体

该小学作为项目实施主体，委托加固设计单位负责加固改造设计，委托相应的施工单位施工，施工全过程由监理单位负责监督管理。

2. 项目前期工作

排查及结构鉴定，根据检测鉴定结论加层改造设计可按照原设计进行构件参数取值。随即进行项目可行性研究。

3. 加固与改造设计

建设单位委托设计单位依据批复的文件进行结构加固施工图设计。施工图须通过审查机构审查，然后由造价咨询机构编制工程预算，并由财政部门进行预算审核。

4. 项目施工

建设单位委托监理单位负责施工全过程监督管理，在施工中充分利用并发挥好各参建单位的作用，及时做好工程的质量检查和验收记录。施工单位充分做好施工组织设计，安排穿插施工，缩短总工期。

（二）工程实施效果

工程主要采用的加固方法有：柱扩大截面加固；柱外包型钢加固；柱外包钢箍板加固；梁扩大截面加固；梁粘贴钢板加固；板粘贴碳纤维布加固。

1）结构抗震加固施工过程如图 4-14～图 4-24 所示。

2）加固前建筑整体外貌如图 4-25、图 4-26 所示。

图 4-14　柱外包型钢加固 1

图 4-15　柱外包型钢加固 2

图 4-16　柱外扩大截面加固 1

图 4-17　柱外扩大截面加固 2

图 4-18　梁粘贴钢板加固 1

图 4-19　梁粘贴钢板加固 2

图 4-20　梁扩大截面加固 1

图 4-21　梁扩大截面加固 2

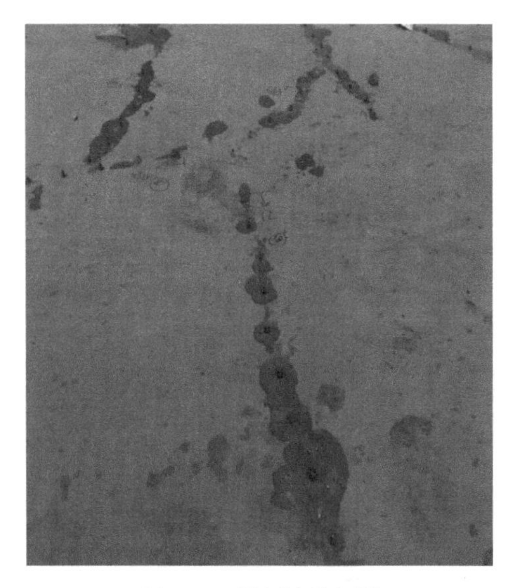

图 4-22　楼板注胶加固

图 4-23　新增钢梁加固

图 4-24　新增组合屋面加固

图 4-25　加固前建筑整体外貌

图 4-26　加固后建筑整体外貌

四、项目保障措施

（一）资金保障

该项目资金全部由某房地产公司投资捐建，且资金在项目实施前全额到位，实行专款专项管理使用，有效保证了项目实施。

（二）政策保障

根据市人民政府办公专题会议精神，市发展和改革委员会批复同意实施该项目，并明确投资房地产公司作为代建单位协助该小学进行项目报批报建、施工期间项目管理、施工结束后的验收直至交付使用。

五、总结

（一）主要经验

（1）教学楼加层加固设计，不但要满足甲方需求，还要考虑原结构施工质量情况以及是否存在材料性能退化、局部使用功能改变、建筑或结构改造等问题，加层改造时其结构抗震设计一般需要按照现行《建筑抗震设计规范》GB 50011的相关规定进行。

（2）对建筑加层加固改造，应充分考虑原结构、施工条件、施工工期等多方面的影响，采用经济合理、安全可靠的加固方案。

（二）加固难点

由于该楼在加层改造前已经投入使用，且学校无其他空余教学楼，因此，加固改造施工只能利用学生放暑假的两个月时间，工期较短。

第五节　福建省某小学混杂结构房屋抗震加固实例

一、项目概况

该建筑为1987年建造的两层混杂结构，一层作为小学生食堂、厨房、办公室、储藏室使用，二层作为纪念馆使用。上部结构采用石墙、土墙、砖墙与砖柱共同承重，楼盖为现浇钢筋混凝土结构，屋盖为现浇钢筋混凝土楼板。首层层高为3.6m，二层层高为3.2m，房屋高度约为7.0m（室内外高差为0.2m），建筑面积约为600m^2，房屋局部外貌如图4-27所示，二层结构平面布置图如图4-28所示。

经过结构安全性鉴定和抗震鉴定，该房屋安全性等级评定为D_{su}级，严重影响整体承载，房屋所在地区抗震设防烈度为7度（0.1g），设计地震分组第三组，按照后续工作年限30年A类的要求进行抗震鉴定，综合抗震能力不满足抗震鉴定标准的要求，必须立即进行加固处理。房屋主要问题为：房屋外墙四角及内外墙交接处未设置钢筋混凝土构造柱，楼、屋盖处未设置圈梁；部分窗间墙长度不满足规范要求。一层石墙与土墙、二层石墙与砖墙纵横墙交接处连接不可靠。部分砌体墙构件存在裂缝，二层局部混凝土板板底钢筋外露、锈蚀。

图 4-27　房屋局部外貌

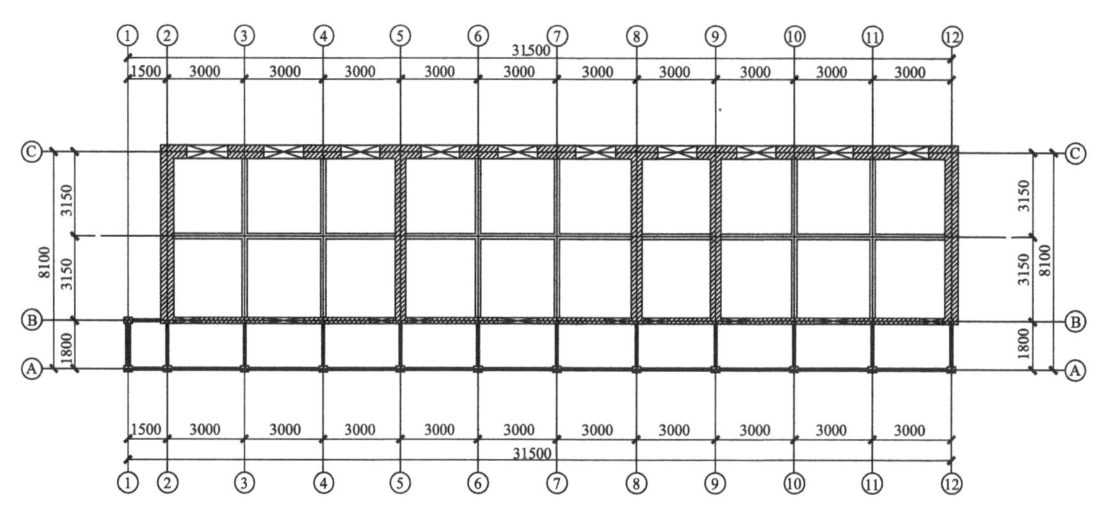

图 4-28　二层结构平面布置图

二、加固技术方案

根据检测报告，该建筑整体性连接构造不满足要求，经复核验算，该建筑横墙偏少，纵向也只有两道纵墙，墙体的抗剪承载力不满足要求。砖石砌体墙抗压或抗剪承载力不足的加固，一般可采用钢筋混凝土面层加固法、钢筋网水泥砂浆面层加固法、外包钢加固法。本工程墙体承载力需提高幅度较大，故采用钢筋混凝土面层加固法对墙体进行加固，墙体加固平面布置图如图 4-29 所示。房屋原梁截面尺寸较小，梁宽不满足构造要求，为提高梁的线刚度，对悬挑梁采用扩大截面加固法。复核验算表明，楼板构件承载力不满足要求，采用表面粘贴碳纤维复合材料加固法进行加固。

工程的重点在新增钢筋混凝土板墙时在石砌体墙上植入钢筋，由于石砌体的灰缝较厚不饱满，所以钢筋均应植入石块体中，在石块体中进行钻孔需采用低振动冲击钻，避免因钻孔造成石块体的开裂。

项目的结构加固造价（含拆除）约 600 元/m^2。

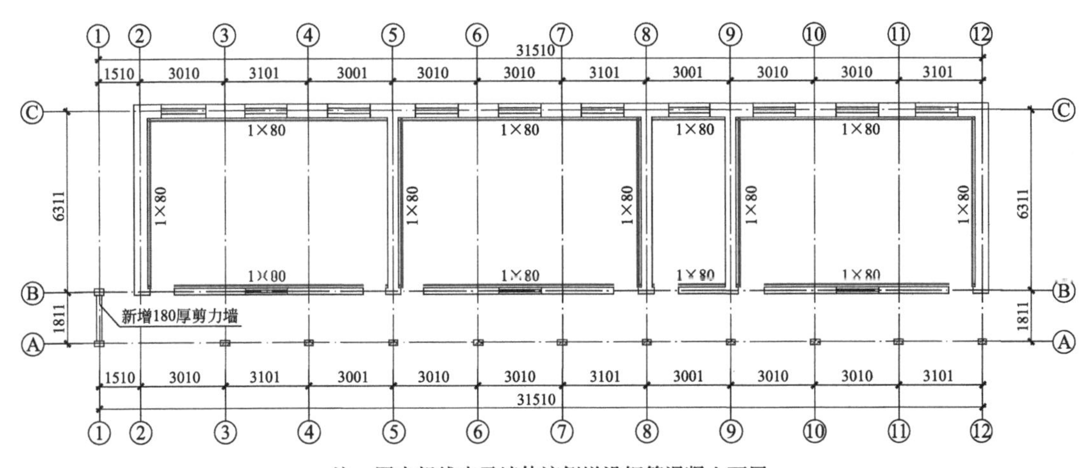

注：图中粗线表示墙体该侧增设钢筋混凝土面层

图 4-29　墙体加固平面布置图

三、项目实施流程

（一）确定实施主体

该小学为项目的实施主体，负责该项目的实施，包括组织房屋检测、项目申报、工程设计、招标采购、签订并履行合同、竣工验收和竣工结算、决算等。

（二）项目前期工作

首先是排查及结构鉴定，其次进行项目可行性研究，报告上级管理部门审核后项目获得批复。

（三）加固与改造设计

首先建设单位委托设计单位依据批复的文件进行结构加固施工图设计。施工图须通过审查机构审查，然后由造价咨询机构编制工程预算，并由财政部门进行预算审核。

（四）项目施工

该项目在实施过程中，建设单位严格按照相关规定进行相应的工程招标及项目建设程序，在施工过程中充分利用并发挥好各参建单位的作用，及时做好工程的质量检查和验收记录。

四、项目保障措施

（一）资金保障

该项目资金全部由政府承担，在项目前期进行了大量的细化工作，确保项目在每一步实施过程中资金运用合理。

（二）政策保障

对于该加固改造项目，各相关部门在符合工程建设法律法规前提下，简化了综合改造工程审批手续、缩短了办理时间。

五、总结

(一) 主要经验

(1) 由政府承担抗震加固的资金，小型工程项目可通过预算审核及决算审核合理确定资金需求，保证资金申报中不遗漏不重复。

(2) 严把工程质量关，优选工程建设参与单位，坚持工程建设高标准，加大巡查抽查频次。

(3) 学校建筑的抗震加固需要缩短施工工期，应当简化审批手续，缩短审批时间。施工单位应合理安排穿插施工，控制总工期。

(二) 加固难点

校舍工程加固改造项目实施过程中应严格控制工期。

第六节 宁夏某中学框架结构教学楼抗震加固及综合整治实例

一、项目概况

该中学教学楼为2007年建造的五层框架结构，基础为柱下独立基础。建筑平面尺寸为东西方向68.55m，南北方向10.275m，每层层高3.60m，室内外高差为0.3m，建筑总高为18.300m。建筑使用过程中局部墙体抹灰层出现脱落，四、五层部分楼板出现裂缝，屋面构造柱破损漏筋，因此校方委托专业机构进行结构鉴定。经过结构安全性鉴定和抗震鉴定，该房屋安全性等级为C_{su}级，显著影响整体承载，应立即采取加固措施，房屋所在地区抗震设防烈度为8度（0.2g），设计地震分组第二组，抗震设防类别为丙类，抗震等级为二级，结构按后续工作年限为50年C类建筑进行抗震鉴定，该楼X向和Y向综合抗震能力指数均大于1.0，符合现行标准《建筑抗震鉴定标准》GB 50023的规定。结构外立面图如图4-30所示。

加固设计单位对其抗震鉴定结果不认可。主要存在的问题：混凝土强度等级低于设计强度、屋面及下一层部分梁、板出现贯通缝、楼板保护层厚度不合格、女儿墙构造破损漏筋等。鉴定报告执行《建筑工程抗震设防分类标准》GB 50223—2004的规定，抗震设防类别为丙类，抗震等级二级，应依据《建筑工程抗震设防分类标准》GB 50223—2008的规定，抗震设防类别为重点设防类（乙类），框架抗震等级为一级，则多项抗震措施不满足现行规范。

二、加固技术方案

该工程由于混凝土强度达不到设计要求、抗震设防标准低，故加固方案必须同时兼顾结构抵抗静力荷载和地震作用。特别是抗震加固，由于规范的修订，结构抗震等级较原设计提高了一个等级，因此面临所有的框架梁、柱抗震构造需要加强，以提高框架在中大震时满足足够的延性。在选取加固方案时，对三种加固方案进行了比较。

图 4-30　结构外立面图

加固方案一：采取加大截面法、外包钢或粘贴型钢、高强纤维等方法增加构件承载力，以满足承受竖向静载作用，设置剪力墙，形成两道抗震防线，提高结构的抗震能力。优点是明确区分了对静力和动力两种结构体系的不同加固方案，很好地解决了抗震等级不足带来的大面积提高框架梁柱延性的问题。缺点是需要加设基础，自重较大，新旧混凝土协同工作效果不易控制。造价较高，工期较长。

加固方案二：采用性能化设计，全面提高框架梁柱的抗弯、抗剪承载力，采用以抗力换延性的设计思路，构件承载力加固方法同方案一。优点是对原有的大空间影响小，增加的结构自重不大，考虑地基承载力固结强化的特点，地基基础预计无需加固；缺点是加固量大，对原结构的损伤较大，新旧混凝土协同工作效果难以控制，造价最高，工期最长。

加固方案三：采用性能化设计，拟采用屈曲约束支撑增加结构的抗侧刚度，并在中震直至大震时发挥耗能作用，减少结构的层间变形，降低主体结构对延性的需求，从而可以实现不提高框架抗震等级，大大减少加固的工程量。对于静载作用下承载力不足的构件，仍采用建筑体内加固。优点是对原有的空间影响小，增加的结构自重很小，地基基础无需加固，对原结构损伤小，施工周期短，造价低。

综合考虑，初步选定采用方案三进行加固设计，并进行模拟计算。在各层对称均匀地加设屈曲约束支撑，小震计算结果显示，各楼层侧向刚度大大增加，层间位移角最大值小于 1/1000，支撑承受了较大部分的地震剪力，原结构梁柱地震组合下截面配筋基本包络在原设计之内。经大震弹塑性时程分析，楼层最大层间位移角小于 1/203，根据抗震规范附录 M，主体结构破坏程度介于性能 2 和性能 3 之间，确定采用方案三。

对于消能子结构中的框架，进行了框架节点包钢并延伸至塑性铰区外，以提高节点的抗剪承载力和框架梁柱塑性铰区的延性。

四层结构加固平面图如图 4-31 所示。

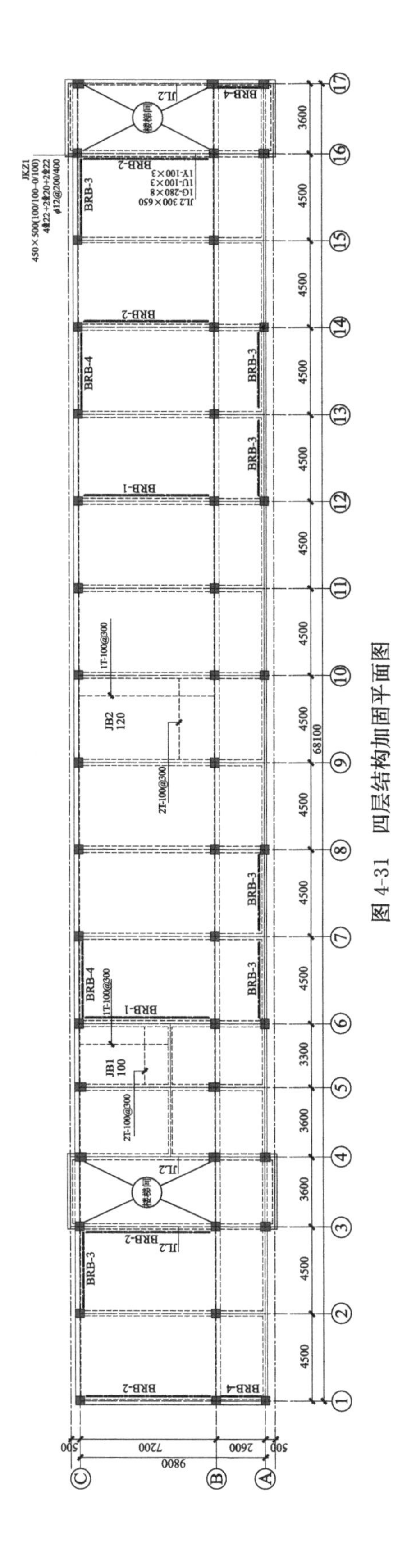

图 4-31　四层结构加固平面图

项目设计完成于2016年年初，总建筑面积约3560m^2，结构加固及填充墙拆除与恢复总价为170万元，折合约477.5元/m^2。

三、项目实施流程及效果

（一）实施流程

1. 确定实施主体

该项目产权单位为某中学。由该中学基建部门组织房屋鉴定（含抗震鉴定）检测、项目申报、加固设计等工作。

2. 项目前期工作

该中学在使用过程中发现墙体开裂和外墙粉刷层掉落，立即进行排查并及时停止使用，并划出警戒区，确保师生的安全。首先委托自治区有资质的专业单位进行房屋安全性鉴定，房屋安全性等级为C_{su}级，属于“限制使用”建筑物。其次征集自治区两家甲级设计院的加固方案，并按照安全适用、技术先进、经济合理、保护环境的原则择优确定采用消能减震的加固方案。选定的方案较另一方案节约造价200余万元。

3. 加固与改造设计

根据前期加固方案和估算，设计单位认真绘制施工图。对加固中的拆、破、换、补、修等内容均予以细致考虑，在设计阶段就做好总造价的控制。施工图完成后，于2016年由该中学委托施工图审查机构审查并通过；2018年交教育局实施后，考虑减隔震技术的发展和主要规范的陆续修编，为慎重起见，对施工图重新送审并通过。

4. 项目如何施工

建设单位通过招标的方式选择了监理单位、施工单位，并对抗震技术的关键构件的供应商进行了单独招标，派驻代表进行管理、监控。组织和协商参建各方富有效率地开展工作，保证施工的顺利开展，并积极配合当地质量监督部门的质量检查，做好施工和验收记录。施工前设计单位对施工图进行了交底。施工单位建立了各部门及各级管理人员的质量责任制，明确各自的质量责任，建立完善的工程自检制度，分工明确，责任到人。对整个工程施工程序进行严格的控制，建设单位和监理单位平行验收。建立完善的施工质量管理制度和施工质量检验制度，工程施工中发生的质量问题按程序及时进行处理，不留隐患，且质量责任明确，现场质量管理处于受控状态。创造良好的施工环境，在施工组织设计中编制可操作性强的、确保安全生产和文明施工的技术保证措施，并严加落实。

（二）工程实施效果

该中学教学楼加固项目最终实施的内容有：结构抗震加固、外立面改造、水暖管线更新。

1）结构抗震加固施工过程如图4-32～图4-36所示。

2）改造前后建筑南立面如图4-35、图4-36所示。

四、项目保障措施

（一）资金保障

由政府专项划拨财政资金。前期工作比较细致，资金使用合理。

图 4-32　拆除部分填充墙、凿去需加固的梁、板、柱的抹灰层

图 4-33　安装屈曲约束支撑

图 4-34　首层少数轴压比不足的柱及各层竖向承载不足的梁、板及开裂的梁板进行加固和修补

图 4-35　改造前建筑南立面

图 4-36　改造后建筑南立面

(二) 政策保障

市政府分管领导召集各相关单位实地核查了该教学楼加固和校舍供暖维修改造项目，为项目实施提供了便利的政策条件，保障了项目的顺利实施。

五、总结

(一) 主要经验

(1) 项目前期管理比较细致，进度安排紧凑，是项目能够有条不紊进行的前提。

(2) 严把质量关，对关键问题进行论证。比如设计图纸进行了两次图审。施工现场也制定了质量保证制度。

(3) 对抗震关键构件屈曲约束支撑进行了专项招标和专项验收，突出了重点。

(4) 采用减震技术进行抗震加固可以大大节约资金，减少工程量，值得大力推广。

(二) 加固难点

鉴定报告是不审查的，设计单位意见与鉴定报告意见不一致如何协调处理是难点，审图机构有时也无法判定。

第七节 新疆某学校框架结构实验楼抗震加固及综合整治实例

一、项目概况

该实验楼为1987年建造的七层框架结构，建筑面积7384m²，房屋高度29.4m，主要用于综合培训。房屋所在地区抗震设防烈度为8度(0.2g)，设计地震分组第二组，根据现行标准《建筑抗震鉴定标准》GB 50023的规定，按照后续工作年限40年B类的要求进行抗震鉴定，结果显示建筑抗震能力不满足规范要求，应进行加固处理。经过不同加固方案的比较，最终该项目采用了消能减震加固方案，并于2013年实施。

二、加固技术方案

该房屋建于20世纪80年代，框架结构。2008年汶川地震后，自治区政府非常重视抗震防灾工作，并对所有的中小学学校进行了抗震鉴定和加固工作。培训中心2010年提出促进加强培训中心教学建筑抗震能力的工作要求，并委托研究院进行了抗震鉴定工作，鉴定结果为抗震能力不满足要求，需对原建筑物进行抗震加固。针对抗震鉴定的结果，对本工程的加固方法进行了传统加固方式以及消能减震方式的比较，传统加固方式的优点在于施工方式传统，对施工单位无特殊要求，缺点在于湿作业量大，对原结构损伤较大，对原装修破坏较大，工程周期长，综合造价高(910元/m²)；消能减震方式的优点在于技术领先，湿作业小，对原结构损伤小，对原装修破坏较小，节省工期，综合造价低(680元/m²)。通过对比，最终本工程的加固方案选择为采用消能减震方式。

消能减震方式主要是在建筑合适的部位设置粘滞阻尼器，增加建筑物的阻尼比，通过“柔性消能”的途径达到减小地震作用的目的，在强烈地震作用时，大量耗散输入结构的地震能量，使主体结构避免进入明显的非弹性状态，从而保护主体结构在强震中免遭破坏。实验楼消能支撑布置平面图如图 4-37 所示。

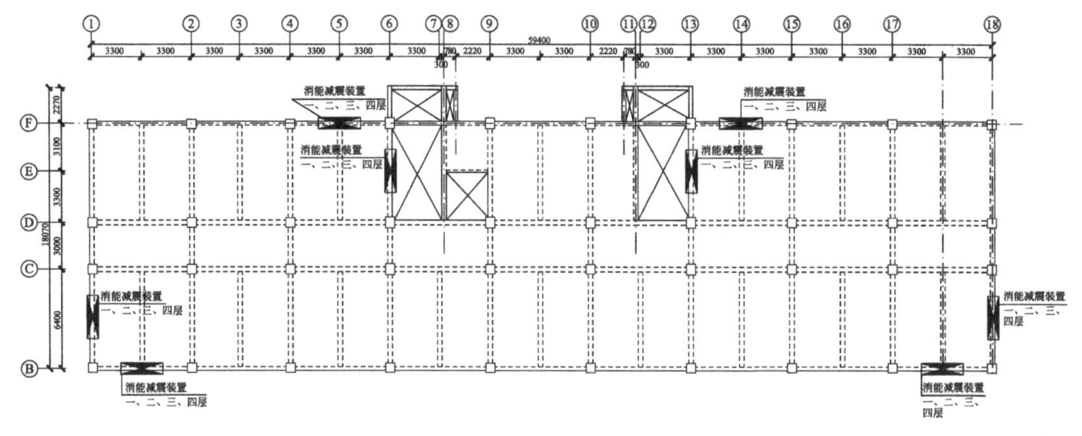

图 4-37　实验楼消能支撑布置平面图

估算主要结构材料：阻尼器 48 个，Q235B 钢板 85t。

项目除进行抗震加固外，还进行了综合改造，主要包括增设外墙保温和屋面保温防水、换窗户、供暖系统、给水排水管线系统、卫生间、教室（办公室）门、弱电系统综合布线等内容。

项目的结构加固造价约 680 元/m^2，综合造价涉及结构加固、节能改造、屋面保温防水、窗户、供暖系统、给水排水管线系统、卫生间、教室（办公室）门、弱电系统综合布线等，约为 1820 元/m^2。

三、项目实施流程及效果

（一）实施流程

1. 确定实施主体

项目由培训中心主持进行，由上级公司批准实施。主要工作为房屋检测、鉴定、项目申报、工程设计、签订并履行合同、沟通协调、竣工验收等。

2. 项目前期工作

项目前期进行了现场勘察、审阅原建筑施工图、委托检测单位现场检测、对原建筑物抗震鉴定。对不同的加固方式进行评估，确定采用消能减震的加固方式。产权所属总公司对工程加固方案以及投资估算进行审核批准后，全面进入施工图设计阶段。

3. 加固与改造设计

根据抗震鉴定的结果，分别对传统加固和消能减震加固方案进行比较，最终确定采用消能减震措施进行抗震加固。建设单位委托设计单位进行方案设计及其估算编制，其成果通过审核后获得批复，控制了项目建设标准及投资。在随后的施工图设计中，设计单位需严格按照方案设计批复的规模、标准和投资进行设计，施工图须通过审查机构审查。

4. 项目施工

绿色施工是实现建筑领域资源节约和节能减排的关键环节，也是此次改造所倡导的。

此次改造从设计方案上就选取了湿作业少的消能减震加固方式，施工中实施封闭施工，杜绝尘土飞扬，没有噪声扰民，在保证质量和安全等基本要求的前提下，通过科学管理和先进技术，最大限度节约资源，减少对环境负面影响，实现节能、节地、节材和环境保护。

（二）工程实施效果

实验楼的抗震加固和综合治理改造主要内容包括：结构整体的抗震加固、建筑节能保温改造（外墙、屋面保温、更换节能窗、改变原供暖系统）、楼内粉刷装饰等。项目实施后，得到了校方及上级部门的肯定。改造后室内如图 4-38 所示。

图 4-38　改造后室内

四、项目保障措施

（一）资金保障

加固由培训中心发起申请，由所属公司批准并承担加固及改造费用。

（二）政策保障

2008 年后全社会对抗震意识的提高，公司对本次加固改造大力支持。

五、总结

（一）主要经验

通过不同加固方案的比较，确定了消能减震技术在加固工程中的合理应用。

（二）加固难点

采用消能减震的加固方案消能器的布置应尽量立面上均匀、平面上对称布置，这可能会与业主的使用功能有冲突，二者需要协调处理。

第八节　校舍类建筑抗震加固总结

汶川地震发生时，不少中小学校房屋倒塌，有重大人员伤亡，校舍及仪器设备损毁严重。为了提高各级各类学校防震减灾能力，消除安全隐患，依据《教育部　住房和城乡建设部关于做好学校校舍抗震安全排查及有关事项的通知》（教发〔2008〕19 号）精神，全国各省、市积极响应，大力开展校安工程。本章汇集多处校舍加固案例，总结项目实施过程中不可或缺的成功因素与不可避免的难点，为继续开展校舍抗震鉴定与加固项目提供借鉴和参考。

加固成功的主要因素：(1) 合理的资金保障、健全的组织机构、必备的政策保障、严格的施工质量管理、严谨的安全工作方案是校安工程加固得以实施的有力保障和必备保障；(2) 项目资金主要由政府部门承担，资金有保障；(3) 学校建筑属于公共建筑，产权明确，便于项目实施；(4) 学校建筑内有充足的建设施工场地，施工时间可以结合学校暑假进行施工，施工条件便利；(5) 住房和城乡建设部门与教育部门共同协作，保障项目的顺利进行。

面临难点：(1) 工期紧，施工只能在暑假进行，若在学校非放假期间进行施工，存在较大的安全隐患；(2) 个别地区校方存在加固改造意识不强等问题，需进一步加强危险意识教育；(3) 鉴定单位水平参差不齐，有时出现鉴定结果存在明显错误和不足情况，出现鉴定报告结论与设计院复核结论不同等问题，处理方法尚不统一。该如何处理？是否需建立鉴定报告的审查制度？另外，鉴定报告结论与设计院复核后结论不同时施工图审查单位需甄别。

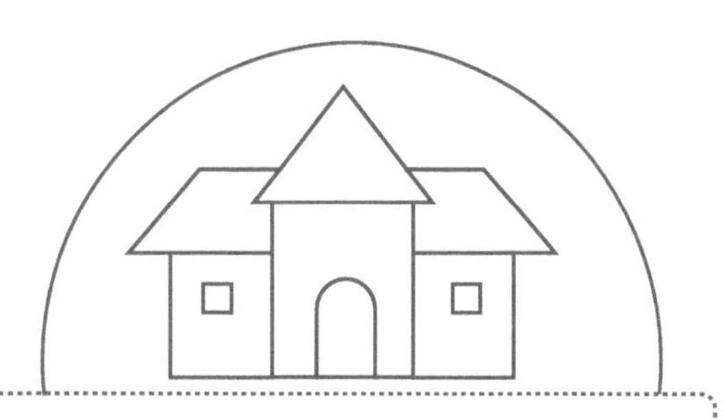

第五章　其他类建筑抗震加固案例

第一节　北京某医院砌体结构“工”形楼抗震加固改造实例

一、项目概况

该医院“工”形楼为1958年建造的砌体结构，地下局部1层，地上6层（局部5层），总建筑面积23337m²，层高3.7m，建筑平面基本为“工”形。该房屋具有20世纪50年代医院建筑的典型特征，其“工”形医院布局、红砖加白灰线条外墙、厚重的水磨石地面等有着深刻的时代印记，这也是业主在本次加固改造中提出需保留原有历史印记的部分。“工”形北部为门诊楼，南部为病房楼，中部东侧为医技楼、西侧为急诊楼。该房屋已经超过设计使用年限50年的限值，依据《房屋建筑工程抗震设防管理规定》（建设部令第148条）以及现行标准《民用建筑可靠性鉴定标准》GB 50292和《建筑抗震鉴定标准》GB 50023的相关规定，该房屋需要进行结构安全和抗震鉴定并依据鉴定结果做相应处理才能继续使用，另外原有病房楼的各项设施均已不能满足医院的使用功能要求，决定进行加固和改造。

经过结构安全性鉴定和抗震鉴定，该房屋安全性等级为C_{su}级，显著影响整体承载，该房屋抗震设防类别为重点设防类，房屋所在地区抗震设防烈度为8度（0.2g），设计地震分组第二组，按照后续设计工作年限为30年的A类的方法进行抗震鉴定，抗震不满足相关标准要求，应立即进行整体加固。

二、加固技术方案

该房屋由8道变形缝将其分为9个部分，结构鉴定与加固相应分为9个独立房屋，其中“工”形主体结构静力安全和抗震安全均不满足要求。该房屋加固改造时因经费紧张，业主提出采用10～15年的后续工作年限来进行结构的鉴定和加固，项目组依据现行标准《建筑抗震鉴定标准》GB 50023（以下简称鉴定标准）向业主介绍了后续工作年限依据建造年代划分有30年、40年、50年三种情况，并依据鉴定标准规定对该房屋采用了后续工作年限为30年的A类抗震鉴定和加固的方法进行（比起40年和50年业主还是能接受30

年的后续工作年限）。对于静力不满足承载力要求的构件进行有针对性的加固。因原有的鉴定报告按照现行标准《建筑抗震设计规范》GB 50011 进行构件抗震承载力验算发现相当数量的墙体不满足抗震要求，需要加固，项目组按照鉴定标准 A 类砌体房屋的相关规定重新进行了分级鉴定，采用楼层综合抗震能力指数的方法进行了房屋综合抗震能力的评定。对该建筑的加固，依据安全性鉴定与抗震鉴定的结论综合考虑，对于安全性不足的以构件进行加固为主；对于抗震加固依据现行标准《建筑抗震加固技术规程》JGJ 116 以整体性、抗震概念加固为主、以构件加固为辅进行综合统筹加固，并在满足承载力前提下尽量保持原有建筑的历史风貌特征、减少对原建筑房屋使用功能的影响、降低造价。

最终确定的加固方案：静力不足的构件局部加固处理，抗震不足的进行体系加固，该房屋由于纵向开洞较多，故主要是纵向抗震承载力不足，加固采用了底部几层内走廊纵墙全部加固的方式，这样既避免了从建筑外部加固外墙时大量开挖基础对外部通行造成的影响，也减少了从房屋内部加固外墙时对每间房屋原有水磨石地面的破坏；横墙依据分散间隔均匀分布的原则进行加固，最终楼层纵横向综合抗震能力指数都大于 1，且相邻上一层的楼层抗震承载力不超过下一层的 20%，以避免出现薄弱层或薄弱层转移。这样既受力合理又统筹布局，对房屋的影响最小、造价也不高。具体加固方式为：对部分墙体依据抗震承载能力不足的程度分别进行 70mm 厚钢筋混凝土板墙加固或 50mm 厚钢筋网水泥砂浆面层加固，这些部位主要为走道两侧墙体和少数横墙，且加固范围随着楼层的增高而减小。对护士站等开大洞部位除了进行局部增设钢筋混凝土框架墙加固外，还对该楼层综合抗震能力进行重新评估并重新统筹加固；原洞口高度改变处增设钢筋混凝土过梁；原门洞封堵时进行结构封堵；新开门洞需要考虑静力以及整体考虑楼层综合抗震能力，在增设钢筋混凝土过梁的基础上进行墙体加固处理；改为档案室部位的楼板和钢筋混凝土大梁进行增大截面加固，该部位一层砖墙采用 70mm 厚钢筋混凝土板墙加固，伸至地下室地面以下 500mm 深并做基础。不同结构部分加固平面示意如图 5-1～图 5-3 所示。

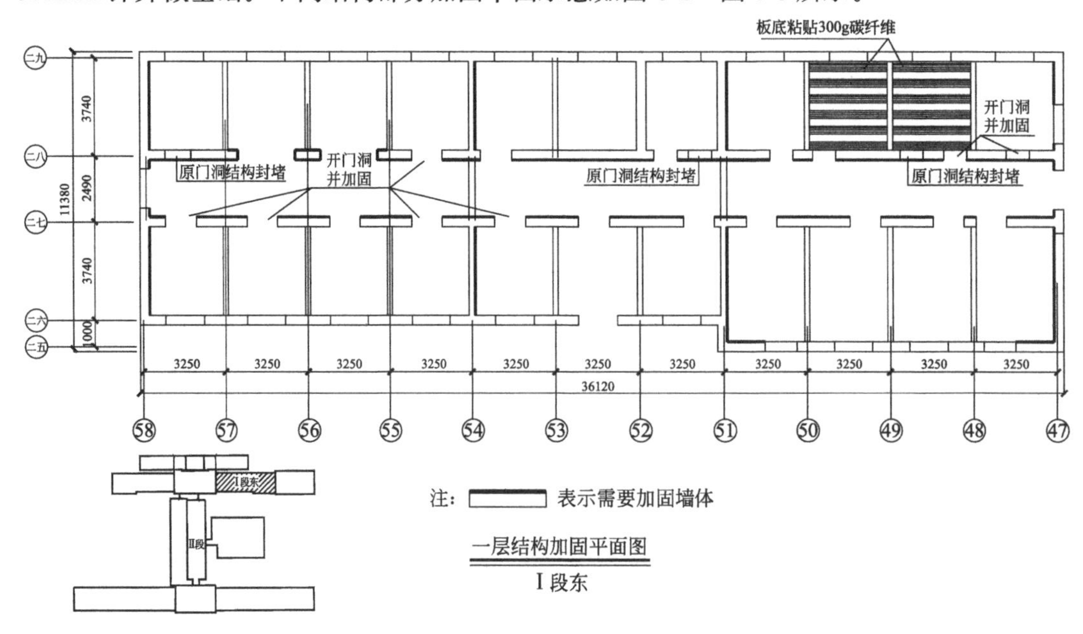

图 5-1　一层Ⅰ段东部结构加固平面图

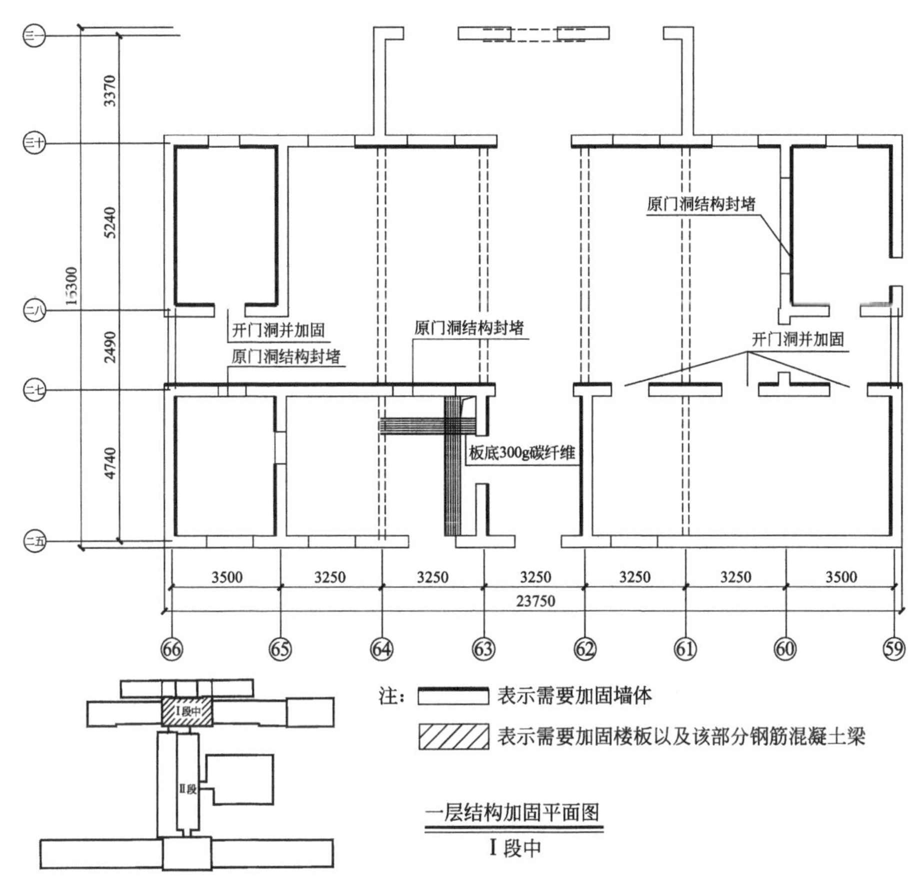

图 5-2　一层Ⅰ段中部结构加固平面图

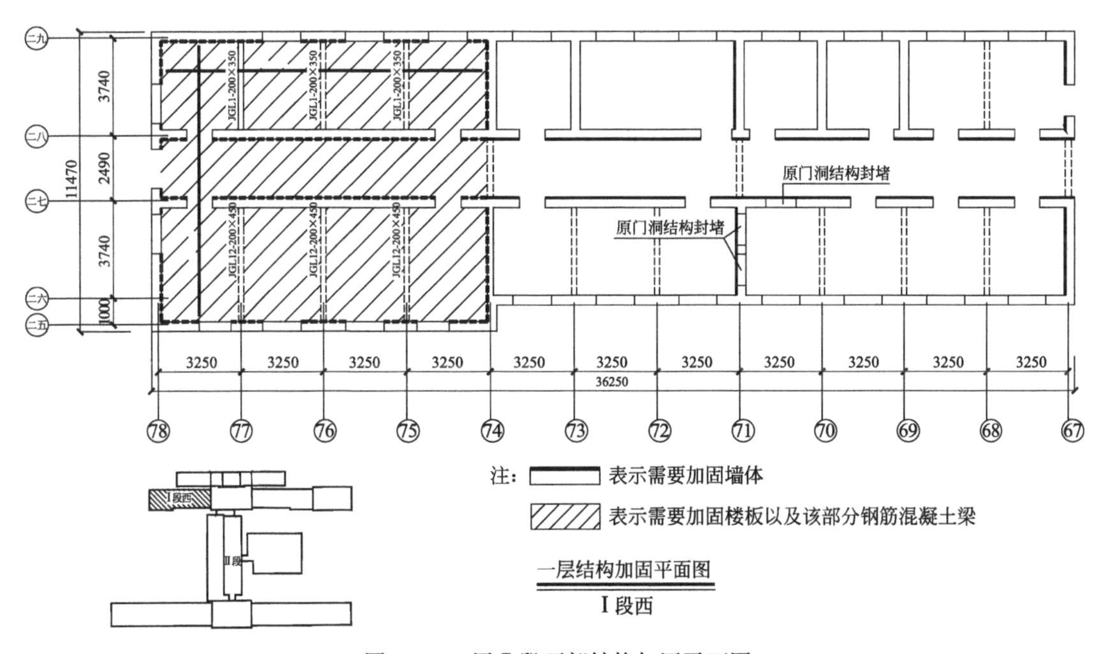

图 5-3　一层Ⅰ段西部结构加固平面图

因业主当时用房紧张，所以加固设计单位提出利用变形缝分段分步骤加固的方式进行周转，使得加固得以按期顺利实施。结构加固前应尽量卸掉上部所有荷载。

为保持原有的水磨石地面，墙体加固时，剔凿采用人工作业，并做好相应的保护措施，最终加固只影响了靠近加固墙体 20cm 左右宽的水磨石，其余大面积的水磨石楼地面都得到了很好的保护。

加固改造设计重点是加固时要兼顾结构安全和医院建筑平面布局与流程。由于医疗流程的严格要求，医疗用房的房屋布局、面积、洞口尺寸等都有相应的规定，结构工程师与建筑工程师以及医院进行多次针对性的沟通和配合，使得房屋真正满足国家相关标准的要求，更满足医院的医疗流程和使用要求。

加固改造设计难点是配合机电设备的布置和位置预留。医院的机电设备因为其复杂的医疗功能本身就比其他公共建筑复杂，加之原建筑设备图纸严重缺失，而且设备管道经过若干次没有图纸的改造，使得改造难度相当大。为了使设备洞口预先预留避免后凿影响结构加固的完整性和有效性，结构工程师配合设备工程师多次深入勘察并找相关人员了解情况，在充分透彻掌握了房屋现场的机电设备情况后，结构工程师对相应的设备洞口进行了处理，确保了结构加固的完整性和牢固性，也间接降低了造价。

项目的结构加固造价（含拆除）约 500 元/m^2。综合单方造价涉及结构加固、装修改造、全部机电设备管线更新等，约 2500 元/m^2。

三、项目实施流程及效果

（一）实施流程

1. 确定实施主体

该房屋的实施主体是建设单位，也是产权单位、业主。确定需改造后，通过公开招标的方式确定设计单位、施工单位、监理单位。

2. 项目前期工作

（1）该项目结构建成年代较为久远，已经超过设计使用年限，抗震设防类别为重点设防类，经过与业主方沟通并按照鉴定标准，抗震鉴定按照后续设计使用年限为 30 年的 A 类的方法进行。此外结构原始建筑图纸资料不全，故先对其进行了结构图纸测绘。

（2）进行项目可行性研究，报告经有关部门审核后项目获得批复。

3. 加固与改造设计

建设单位委托设计单位依据批复投资进行施工图设计。设计单位需严格按照初步设计批复的规模、标准和投资概算进行限额设计，确保施工图预算不突破初步设计概算，从源头上控制投资，同时，尽量压缩和减少暂估价和暂定项目。施工图须通过审查机构审查，并进行消防审核。

4. 项目施工

施工图完成后按照相关规定进行施工图审查，办理开工证后实施施工，并实行分段分区施工，先卸载后加固，接着进行设备管线更新、装修等。该项目在实施过程中，建设单位严格按照基本建设程序要求进行，在施工过程中充分利用并发挥好各参建单位（包括设计单位、施工单位、监理单位）的作用，配合质量监督部门及时做好工程的质量检查和验收记录。

该项目采取封闭施工，杜绝尘土飞扬，没有噪声扰民，在工地四周栽花、种草，实施定时洒水等，在保证质量、安全等基本要求的前提下，通过科学管理和先进技术，最大限度地节约资源并减少对环境负面影响的施工活动，实现节能、节地、节水、节材和环境保护。

（二）工程实施效果

该项目已竣工，结构经过合理加固后满足抗震设防烈度 8 度区后续工作年限为 30 年的承载力要求，建筑外观既美观大方又不失古典优雅，平面布局功能流畅，并满足节能、消防、无障碍设施等要求，各种机电设备正常运行，无障碍设施尽显人性化关怀，办公场所窗明几净。

项目加固改造前后现场情况如图 5-4～图 5-10 所示。

图 5-4　加固改造前外观

图 5-5　加固改造后

图 5-6　护士站加固改造后

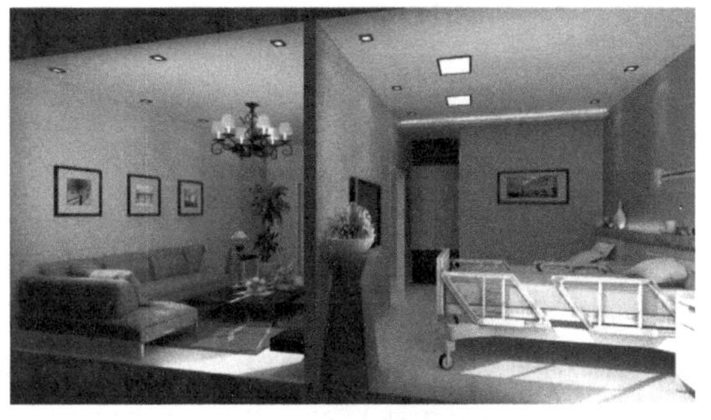

图 5-7　VIP 病房加固改造后

图 5-8　加固改造后走廊

图 5-9　加固改造后卫生间

图 5-10　加固改造实景图

四、项目保障措施

（一）资金保障

该项目资金全部由政府承担，政府在项目前期进行了大量的细化工作，确保项目在每一步实施过程中资金运用合理。

（二）政策保障

对于加固改造项目，各相关部门在符合工程建设法律法规前提下，简化了综合改造工程审批手续、缩短了办理时间。

五、总结

（一）主要经验

（1）有健全的项目组织架构，项目统筹协调和计划管理合理。

（2）由政府承担抗震加固及综合改造的资金，项目申报前期深入调研，合理确定项目内容和资金需求，保证资金申报中不遗漏不重复。

（3）严把工程质量关，优选工程建设参与单位，坚持工程建设高标准，加大巡查抽查频次。

（4）建设单位管理到位。由于原建筑无竣工图，在项目实施过程中，当拆除吊顶隔墙等非结构构件后，发现与测绘的图纸有出入，需要建筑单位组织各参建方及时会商，确保在最短时间内调整实施方案。另外，由于医院用房紧张，需要边施工边使用，且作为病房使用，故首先需要分段施工；其次，还需做好病房的隔声工作以及协调工作，需要建设方具有丰富的管理经验、管理水平和协调力度，一个项目能否顺利实施，建设单位起着举足轻重的作用。

（二）加固难点

该项目在实施加固中主要问题是图纸缺失，需要现场不断核对并及时进行设计图纸调整。

第二节 四川省某砌体结构办公楼抗震加固及综合整治实例

一、项目概况

该办公楼为 20 世纪 60 年代初建造的四层砌体结构，总建筑面积 4500m^2，建筑高度 14.78m。经过结构安全性鉴定和抗震鉴定，该建筑安全性等级为 D_{su} 级，严重影响整体承载，房屋所在地区抗震设防烈度为 7 度（0.1g），设计地震分组第三组，按照后续工作年限 30 年 A 类的要求进行抗震鉴定，综合抗震能力不满足要求，必须立即进行加固处理。

二、加固技术方案

该建筑建于 20 世纪 60 年代，实施加固及综合改造时已经超过设计使用年限，房屋年久失修，楼屋面主要为木结构，除了不能很好地传递地震作用外，还不满足防火要求。经结构鉴定，安全性等级评定为 D_{su} 级，综合抗震能力不满足要求，需要立即进行整体加固，标准层结构平面图如图 5-11 所示。

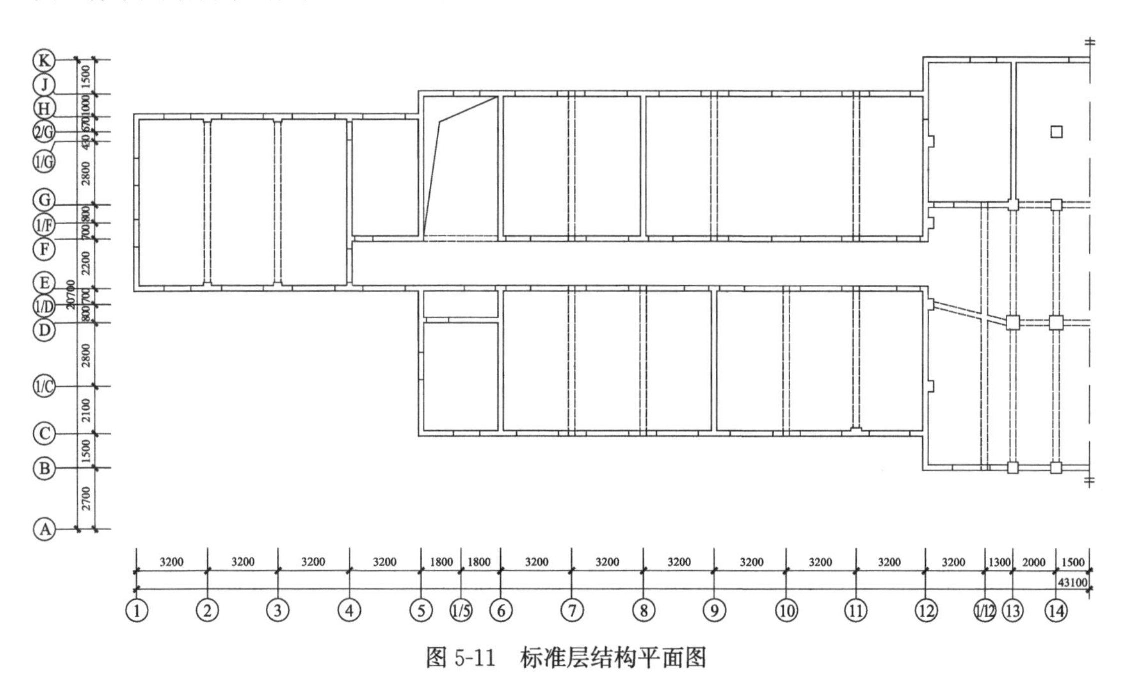

图 5-11 标准层结构平面图

早年房屋由于多种原因影响未及时进行加固，2008 年遭遇汶川地震影响，主要震害表现为：部分墙体出现水平裂缝，个别水平裂缝位置出现错位，最大 10mm；部分墙体出现 X 形裂缝；部分硬山顶部砖块移位、掉落，部分房间的吊顶被掉落的砖块砸坏；部分房间吊顶出现整体掉落、下塌变形。震害评估达到中等破坏，破坏情况如图 5-12～图 5-15 所示。

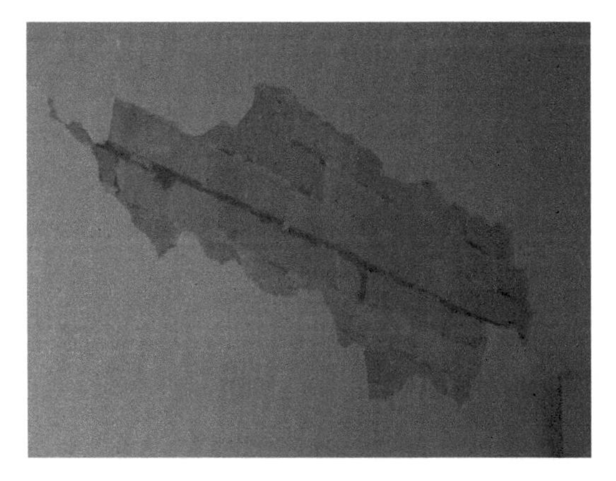

图 5-12　墙体开裂、错位

图 5-13　硬山顶部砖块松动

图 5-14　硬山顶部砖块掉落、砸坏吊顶

图 5-15　吊顶整体掉落

2008 年汶川地震后，开始结合鉴定报告、震害评估报告及后期使用年限需求，对该建筑进行加固设计。

项目采用的加固方案为：在抗震横墙间距严重超限的房间增设横墙；对构造柱不满足要求的部位，外墙采用外加钢筋混凝土构造柱，内墙采用局部双面钢筋网水泥砂浆面层代替构造柱；对圈梁设置不满足要求的部位，在外墙及部分内墙的楼、屋盖位置增设钢筋混凝土圈梁，对双面钢筋网加固的墙体采用配筋加强带代替圈梁；对门厅及楼梯间独立砖柱采用钢筋网水泥砂浆面层进行加固。在不明显影响使用功能的情况下，控制了加固造价。另外将原有虫蛀、腐朽的木构件进行更换，将屋面小青瓦换成仿瓦轻质材料，加强消防设施。底层墙体加固方案如图 5-16 所示。

工程中新旧连接是施工的重点和难点，为此说明及设计交底时明确提出新增墙体的地基验槽、新旧墙体的连接措施、新增构造柱与原墙体的拉结措施等确保施工质量。

项目的结构加固造价（含拆除）约 340 元/m^2。综合单方造价涉及结构加固、屋面更换、室内外简装、全部机电设备管线更新等，约 570 元/m^2。

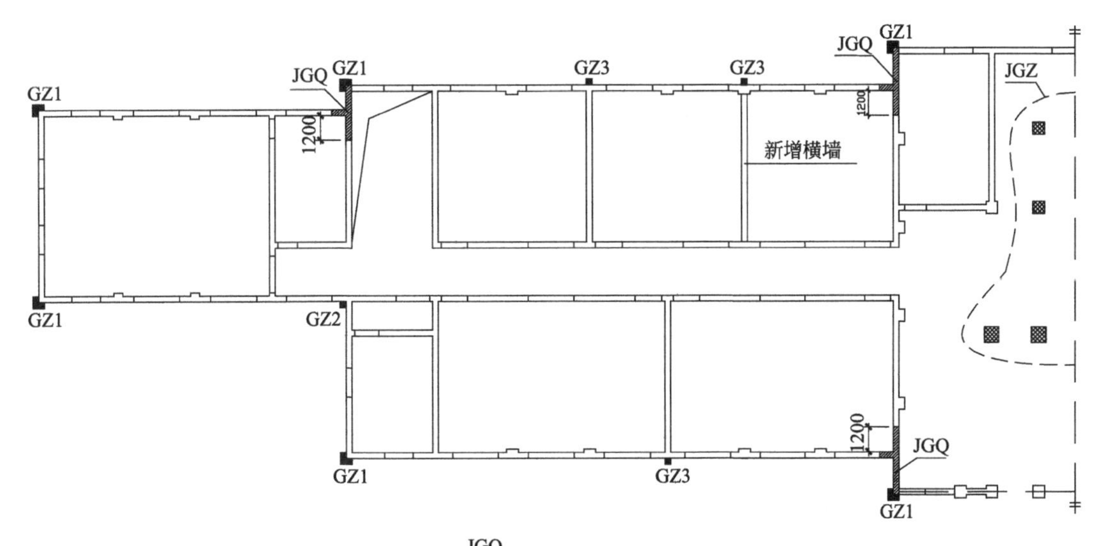

注：1. JGQ 表示采用双面钢筋网水泥砂浆面层加固墙体；

2. JGZ 表示采用双面钢筋网水泥砂浆面层加固的砖柱。

图 5-16　底层墙体加固方案

三、项目实施流程及效果

（一）实施流程

1. 确定实施主体

汶川地震后，根据《四川省建设厅关于开展全省地震灾区城镇受损房屋建筑抗震鉴定修复加固工作的通知》（川建发〔2008〕36 号），房屋产权人（或业主委员会）委托具有建筑工程设计乙级及以上资质的设计单位承担与业务范围相对应的工程抗震鉴定和修复、加固设计任务。一般应由工程原设计单位（资质可放宽到丙级）承担该项工程的抗震鉴定和修复、加固设计任务，也可由房屋产权人（或业主委员会）委托与工程等级相适应的设计单位进行。原设计单位已撤销或设计资质不满足要求时，应由具备与工程等级相适应的设计资质单位承担。

对需要修复加固的房屋建筑，房屋产权人（或业主委员会）应委托具有相应资质的设计单位进行修复或抗震加固设计。

2. 项目前期工作

首先是排查及结构鉴定。该建筑建成年代较为久远，现状较差，在核对设计图与实体结构的符合性的基础上先进行结构检测鉴定。该项目全性评定为 D_{su} 级，综合抗震能力不满足要求，再结合 5.12 汶川地震的震害，随即进行了项目可行性研究，经集团公司及国资委相关部门审核后项目获得批复。

3. 加固与改造设计

首先建设单位委托具有相应资质的工程设计单位进行房屋建筑加固设计，在保证结构安全性和抗震性满足要求的前提下，优化加固方法和加固范围，确保加固费用不超过预算资金；其次根据审核合格的房屋加固施工图等设计文件，委托给具有相应资质的建筑施工企业施工。房屋建筑修复、加固工程竣工后，由建设单位依法组织验收，向县级以上建设行政主管部门备案。

4. 项目施工

项目实施过程中，建设单位直接进行项目管理，严格按照相关要求进行工程招标及项目建设程序，在施工过程中充分利用并发挥好设计单位、施工单位、监理单位的作用，配合质量监督部门及时做好工程的质量检查和验收记录，此外，建设单位与地方电力公司、自来水公司等部门进行随时协调沟通，保证了项目的顺利进行。

施工过程中，应尽量避免或减少对原结构损伤的情况，如发现结构构造有严重缺陷时，应暂时停工，先会同设计单位明确有效的处理措施后再进行施工。

（二）工程实施效果

该项目抗震加固及综合整治项目的主要内容有：结构整体加固、楼内机电设备管线的更新、加固后的装修恢复等。房屋加固改造后，结构承载力有了显著的提高，综合功能得到了提升。改造加固前后外立面如图 5-17、图 5-18 所示。

图 5-17　改造加固前外立面

图 5-18　改造加固后外立面

四、项目保障措施

（一）资金保障

鉴定单位属社会机构的，鉴定费用由房屋产权管理的同级政府在抗震救灾经费中开支；鉴定单位属财政全额拨款的，应履行社会职责，由同级政府补助一定的工作经费。该项目涉及室内加固，施工期间该建筑中的相关部门搬至建设单位自己持有的其他建筑中继续办公，没有房屋周转的费用。

（二）政策保障

对于国有企业的办公楼加固改造项目，建设单位协调集团公司、国资委、规划、质监和消防等部门，在符合工程建设法律法规前提下简化了既有建筑加固改造的审批手续、缩短了办理时间。

五、总结

（一）主要经验

（1）有健全的项目组织机构，确保项目统筹协调和合理管理。根据《汶川地震灾区城镇受损房屋建筑安全鉴定及修复加固拆除实施意见》，地震灾区各级人民政府负责震后受损房屋建筑安全鉴定和修复、加固、拆除工作的统一领导和监督。县级以上住房和城乡建设、房地产行政主管部门依法具体承担房屋建筑安全鉴定、修复、加固和拆除的监督管理。

（2）严把工程质量关。从事抗震鉴定、设计、施工、监理等单位应具备相应资质，遵守有关建筑工程抗震设防的法律法规和工程建设强制性标准的规定，保证房屋建筑的抗震设防质量，依法承担相应责任。工程质量安全监督部门应加强对报建抗震加固工程质量和施工安全的监督管理。

（3）四川近10年地震频发，该项目加固前经历了5.12汶川地震，震害达到中等破坏；加固完成后，经历4.20芦山地震、8.8九寨沟地震等多次地震影响，均未造成任何的震害。再次证明老旧建筑的抗震加固的可靠性、必要性。

（二）加固难点

（1）该项目检测鉴定工作启动及开展较为及时，但加固设计及加固施工开展及实施不及时，导致5.12汶川地震的震害达到中等破坏。

（2）国有企业的既有老旧办公楼的加固改造的审批流程较多、审批时间较长，这也是该项目加固改造实施不及时的原因之一。

第三节　四川省某砌体结构办公楼抗震加固及综合整治实例

一、项目概况

该建筑为20世纪80年代前建造的两层砌体结构，整体为L形，高度9.56m，建筑面积806.9m^2，作为办公用房使用已超过30年。结构横墙承重，主要开间尺寸为4.0m×

8.1m，楼面采用预制板，屋盖采用木檩条加小青瓦屋面，屋盖年久失修已挠曲变形。其外墙为红砖，历史特色明显。

该建筑拟改造为小型餐厅。建设单位委托研究院于 2010 年进行主体结构质量现状检测与鉴定。经过结构安全性鉴定和抗震鉴定，该房屋安全性等级为 C_{su} 级，显著影响整体承载，房屋所在地区抗震设防烈度为 7 度（0.1g），设计地震分组第三组，按照后续工作年限 30 年 A 类的要求进行抗震鉴定，不满足抗震鉴定要求，应立即进行加固等处理。鉴定报告结论显示结构存在以下问题：无构造柱，结构整体性抗震不足；二层楼板及挑廊承载力不足；原木屋架腐朽严重，挠曲变形明显；个别外墙存在斜向裂缝，但裂缝已稳定，地基基础处于稳定状态。加固设计单位在改造设计时对小青瓦屋面的处理方案，可根据拆除吊顶后的实际情况及改造后的防火要求考虑局部或整体拆除重新施工屋盖。

二、加固技术方案

该楼房面积小，楼层低，对该栋建筑物加固可采用常规的方式，例如外包混凝土构造柱和圈梁法，钢筋网砂浆面层加固法等。满足对建筑物功能改造和外观改善要求同时，依据鉴定结果，对该楼已经出现的裂损构件进行修补、补强，并结合建筑物结构特点、施工条件、着重保证结构承载力和改善房屋使用功能，提高结构整体性抗震性能，按安全可靠、经济合理的原则确定加固改造方案。

工程改造加固方案如下：拆除屋盖，拆除局部二层承载力严重不足的楼板和挑梁；修补砖墙裂缝，对砖墙的洞口配置钢筋或增设混凝土边框进行加强；增设构造柱、圈梁，局部设预应力拉杆；浇筑混凝土楼盖（含圈梁），增设轻钢屋面。二层结构加固改造平面布置图如图 5-19 所示、新增屋顶圈梁卧梁结构平面布置图如图 5-20 所示。

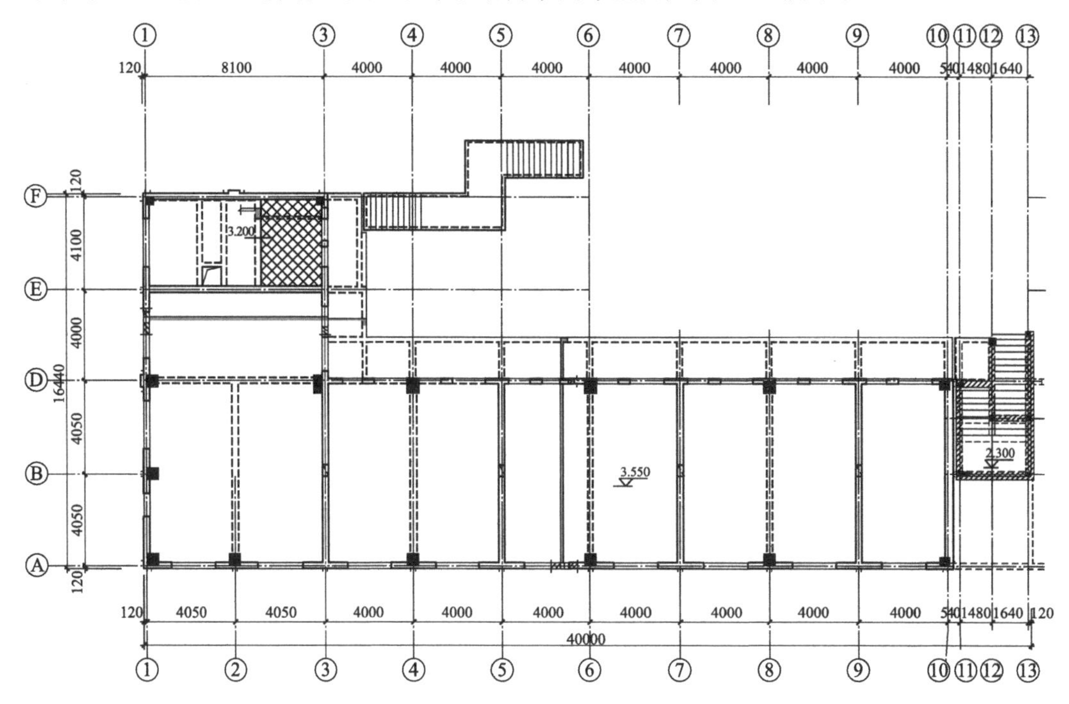

图 5-19　二层结构加固改造平面布置图

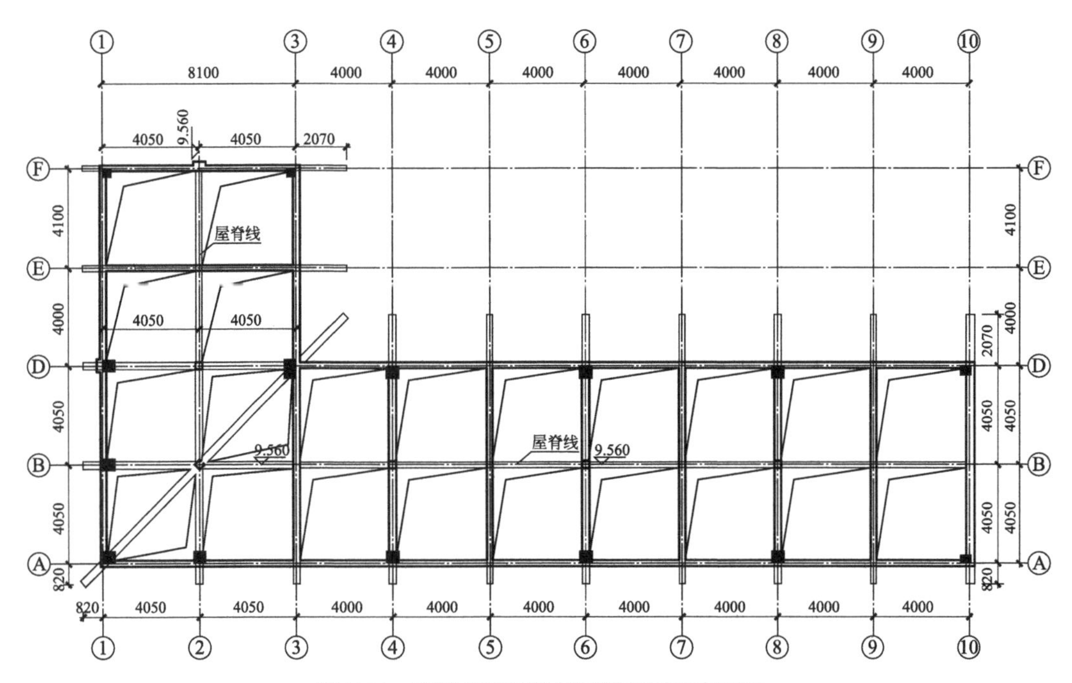

图 5-20　新增屋顶圈梁卧梁结构平面布置图

工程需保持建筑物红砖风貌并注入新的造型要素，强调建筑的精致性和独特性。为此，将传统构造柱圈梁加固方法略作调整，形成增设混凝土构造柱圈梁加型钢构造柱圈梁的形式：混凝土构造柱、圈梁均置于建筑室内；严格控制整栋楼屋盖圈梁的截面高度；室外设型钢构造柱和型钢圈梁，与室内混凝土构造柱圈梁形成一一对应关系，型钢采用螺栓、混凝土销键，与既有墙体和室内新增混凝土构造柱圈梁进行可靠连接。此方案改善结构整体抗震性能的同时，还有遮挡加固痕迹的效果，形成独特的现代感型钢线条。

新增构造柱通过以下原则控制：平面内尽量对称布置；增设构造柱处对应的基础进行拓宽加固处理；构造柱由基顶开始设置并沿房屋全高贯通；房屋四角、楼梯间四角和不规则平面转角处设置；内外墙交接处设置；结合建筑方案立面造型要求进行设置；新旧墙体结合处设置；新增墙体内采用混凝土构造柱局部嵌入的形式，并利用钢筋进行拉结。

新增的室外型钢圈梁设置于混凝土圈梁的标高处。槽钢通过螺杆与混凝土圈梁可靠连接，型钢截面高度大于混凝土圈梁；型钢圈梁与型钢构造柱采用焊接的方式连接，外围型钢线条形成闭合。

最终，钢筋混凝土构造柱圈梁、既有墙体和型钢构造柱圈梁连成整体并形成闭合系统，且构造柱圈梁与屋楼盖有效可靠连接，不仅实现了抗震加固，同时保持了红砖小品建筑风格。

三、项目实施流程及效果

（一）实施流程

1. 确定实施主体

该项目的产权单位为实施主体，也是项目的建设单位，主要工作为组织房屋检测鉴定、项目申报、选定功能改造方案、EPC招标采购、签订并履行合同、资金使用管理、沟通协调、竣工验收和竣工结算、决算等。

2. 项目前期工作

首先是排查及结构鉴定。由于原始建筑图纸等竣工资料遗失，故先需对其进行了结构图纸测绘，在此基础上进行结构检测鉴定。

结合产业规划及市场招商，对功能更新改造的内容进行确定。在全面调查深入研究的基础上编制项目建设规模、改造内容以及投资估算等。

3. 加固与改造设计

EPC设计单位，按照建设单位拟定的改造方案、相关加固设计标准规范进行施工图设计，编制概算，其成果经过施工图审查后进行施工。施工过程中，对现场拆改后发现的问题，及时进行处理。

4. 项目施工

该项目在实施过程中，建设单位严格按照相关要求进行工程招标，在施工过程中充分利用并发挥好各参建单位（包括设计单位、施工单位、监理单位）的作用，配合质量监督部门及时做好工程的质量检查和验收记录。

绿色施工是实现建筑领域资源节约和节能减排的关键环节，也是改造所倡导的。该项目采取封闭施工，杜绝尘土飞扬，没有噪声扰民，在工地四周栽花、种草，实施定时洒水等，在保证质量、安全等基本要求的前提下，通过科学管理和先进技术，最大限度地节约资源并减少对环境负面影响的施工活动，实现节能、节地、节水、节材和环境保护。

项目实施过程中，建设单位与市电力公司、市燃气集团、市热力集团、市自来水集团、市排水集团等部门进行随时协调沟通，保证项目的顺利进行。

（二）工程实施效果

1）结构抗震加固施工过程如图5-21、图5-22所示。

图5-21　拆除屋盖

图5-22　室外槽钢构造柱圈梁

2）项目改造前后对比如图5-23、图5-24所示。

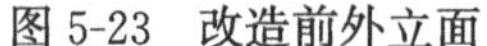

图 5-23　改造前外立面

图 5-24　改造后外立面（效果图）

四、项目保障措施

（一）政策保障

对于加固改造项目，各相关部门，在符合工程建设法律法规前提下，简化综合改造工程审批手续、缩短了办理时间。

（二）采用 EPC 模式

加固工程涉及的专项技术多，交接界面复杂，与新建建筑的技术与管理显著不同，建设单位鲜有相关管理人才，因此，由专业单位牵头的 EPC 模式，可以最大程度整合及优化设计及施工资源，管理界面清晰，对技术及造价均能实现精准把控。

五、总结

（一）主要经验

（1）对具有历史意义的建筑进行重新功能升级，保留历史记忆，形成特色产业集群，实现投资价值。

（2）结合城市功能更新升级，对既有建筑可以全面、系统地进行抗震加固，保证建筑安全。

（3）采用 EPC 模式，严把工程质量关，优选工程建设参与单位。

（4）将抗震加固与功能改造、风貌更新有效结合，加固构件兼做立面线条元素，打造出“旧”与“新”统一，“历史感”和“现代感”融合的建筑风貌。

（二）加固难点

（1）因缺乏原始图纸资料，故测绘、鉴定、现场踏勘、设计和施工等工作要求高、难度大。

（2）结构专业未能更早介入方案，竣工呈现效果与最初建筑方案存在少量的差异。

第四节　其他类建筑抗震加固总结

2008 年汶川地震后，我国对学校建筑和医院建筑的抗震设防愈加重视。目前，学校建筑的抗震加固已经在全国范围内大面积展开，多数已完成，然而，医院建筑的抗震加固还在筹划中。就北京市来说，对于老旧医院建筑，抗震鉴定工作已基本完成，但受各种因素影响，如房屋周转、资金来源等困难，使得抗震加固迟迟无法大面积展开，因而不少老旧医疗建筑仍然有着严重的抗震隐患，其他老旧公共建筑的抗震鉴定和加固更是如此。我国自然灾害防治能力总体还比较弱，提高自然灾害防治能力是关系人民群众生命财产安全和国家安全的大事，必须抓紧抓实。故现有公共建筑类，尤其是地震中功能不能中断的重点设防类的医院建筑的抗震安全应该尽早引起重视并付诸抗震鉴定和加固实践。

本章介绍了典型老旧医院建筑以及办公建筑的抗震加固案例，为全国各地开展相似抗震鉴定与加固项目提供借鉴和参考。

一些地区的老旧公共建筑能够加固成功，主要因素有：合理的资金保障；健全的组织机构；必备的政策保障；适时的优惠政策；严格的施工质量管理；技术的灵活运用；建设单位的管理能力等。

相对民用建筑来说，公共建筑因为不涉及居民个人，其抗震鉴定与加固项目相对容易开展，面临的困难也由于使用功能的差异具备不同的特点，就医疗建筑来说，因其具有用房紧张、周转困难等特点，项目实施难度加大，且医疗建筑作为地震中功能不能中断的人员密集类场所，其抗震安全性更为重要，故采用适合技术、实施分段加固、合理组织管理是关键。

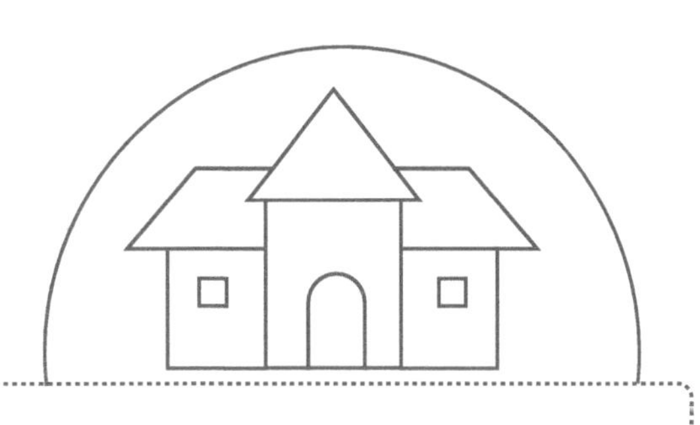

后　记

本书只辑录了全国几个有代表性的省市地区各类建筑的抗震加固案例，除校舍类房屋，我国大部分地区的既有老旧房屋的抗震鉴定和加固均还没有大面积展开，全国范围内仍有相当数量的老旧房屋有着严重的抗震隐患。正如习近平在中央财经委员会第三次会议上指出的那样，我国自然灾害防治能力总体还比较弱，提高自然灾害防治能力，是实现“两个一百年”奋斗目标、实现中华民族伟大复兴中国梦的必然要求，是关系人民群众生命财产安全和国家安全的大事，也是对我们党执政能力的重大考验，必须抓紧抓实。

这就需要各地继续加大老旧房屋，尤其是城镇老旧住宅、农房、医院建筑这三类关系到普通百姓生命财产安全、实施难度和阻力又较大的房屋的抗震鉴定和加固力度，真正做到大力提高自然灾害防治能力、大力提高房屋建筑的抗震防灾能力，进一步提高人民的获得感、幸福感和安全感。

在实施过程中，除关注项目的相关政策措施、实施流程、资金筹措渠道、适用技术方案、工程实施效果外，技术层面的也需要加强，如区分安全性鉴定与抗震鉴定、安全性加固和抗震加固等概念，还要避免某一层或局部加固过强导致的薄弱层或薄弱部位转移。

既有房屋建筑的抗震鉴定与加固任重而道远。